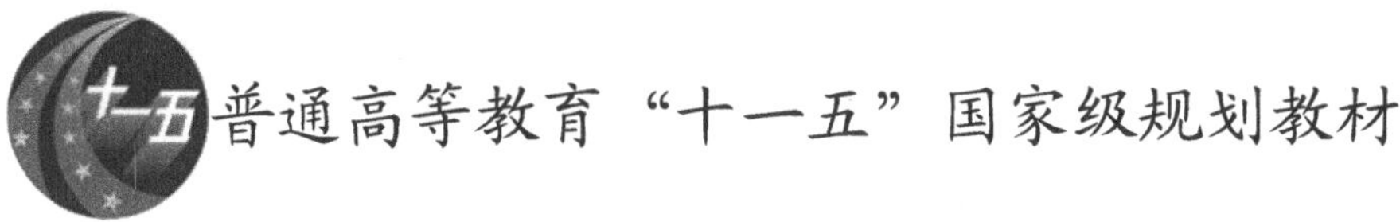

普通高等教育“十一五”国家级规划教材

植物景观设计

王　波　王丽莉　主　编

周翠微　邱　冰　刘和平　副主编

科 学 出 版 社

北　京

内 容 简 介

本书结合植物景观实例，介绍了植物的选择与配置、植物的功能、观赏特性及造景作用；同时从实际应用出发，用国内外大量实例图，展示不同风格与特点的植物景观设计思路、方法与实践。

本书共8章，主要内容包括植物景观设计概述，植物景观设计的构成要素、植物景观设计的内容、植物景观设计原理、植物景观设计的原则与实施、植物景观的造景设计、植物景观设计表达，植物景观设计实例等。

通过学习这些内容，读者可以将植物本身和植物形成的空间特征应用到景观设计之中。

本书可作为高职高专景观设计或环境艺术设计相关专业的教材，也可以为绿化设计部门或规划设计部门的设计人员提供参考。

图书在版编目（CIP）数据

植物景观设计/王波，王丽莉主编. —北京：科学出版社，2008
（普通高等教育“十一五”国家级规划教材）
ISBN 978-7-03-018045-2

Ⅰ.植… Ⅱ.①王… ②王… Ⅲ.园林植物-景观-园林设计-高等学校：技术学校-教材 Ⅳ.TU986.2

中国版本图书馆CIP数据核字（2008）第108947号

责任编辑：孙露露/责任校对：赵　燕
责任印制：吕春珉/封面设计：耕者设计工作室

科学出版社 出版
北京东黄城根北街16号
邮政编码：100717
http://www.sciencep.com
新科印刷有限公司 印刷
科学出版社发行　各地新华书店经销
*
2008年10月第　一　版　开本：787×1092　1/16
2022年 8 月第四次印刷　印张：14
字数：315 000

定价：38.00元

（如有印装质量问题，我社负责调换〈新科〉）
销售部电话　010-62134988　编辑部电话　010-62135763-2010

序

在我国经济、文化建设迅速发展，市场经济秩序逐步完善的大环境驱动下，我国教育事业的规模也在不断扩大，这就为艺术设计教育带来了新的发展空间。

近些年来，我国高等职业艺术设计教育逐步完成了由面向传统工艺美术行业的设计人才培养，向适应当今社会发展需求、具备现代意识和观念的创新型艺术设计人才培养模式转换，我国高等职业艺术设计教育正在向着新的方向发展：

一是向大众化发展。目前，我国共有艺术设计从业人员三百多万人，艺术设计专业开设院校达到七百余所。因而，“十一五”发展期间，我国高等职业艺术设计教育普及面得到拓展，应用层次也得到了进一步深化。

二是工学结合更紧密。随着我国改革的不断深入，高等职业艺术设计院系的人才培养越来越贴近市场。不论是从学生培养的目标，还是从当前实训基地的建设来看，越来越多的艺术设计相关院系将“课堂”搬进“车间”现场教学，为市场的发展培养需要的艺术设计人才，实现理论与实践真正意义上的结合。

三是多元化的趋势。高等职业艺术设计教育要与相关的市场相联系，因此，不同地域经济、文化建设发展的差异，使得各院校艺术设计教育的发展目标和定位有所不同，从而形成各自的专业特色以及整个高等职业艺术设计教育多元化的发展趋势。

目前，我国高等职业艺术设计教育正处于蓬勃发展的时期，艺术设计人才需求市场逐渐形成。然而，适合于高等职业教育特点的教材并不多。因此，急需比较系统的、符合设计与设计相关的行业岗位群需求和教学需求的高等职业艺术设计类教材。

鉴于全国高等职业艺术设计教育的现状，中国高等职业技术教育研究会艺术设计协作委员会和科学出版社及相关院校共同努力，推出了这套“高等职业教育艺术设计类‘十一五’规划教材”。目的是充分体现时代精神及国内外艺术设计研究发展的趋势，展示全国高等职业艺术设计教育与行业技能人才需求相结合的教学改革成果，推动我国高等职业艺术设计教育的发展和改革。

从“中国制造”到“中国创造”，国内艺术设计行业和企业迫切需要大量的创新型设计人才，全国艺术设计行业人才队伍的规模、结构都将发生深刻的变化。面对形势的需要，全国高职院校与艺术设计行业应进一步携手努力，密切合作，以人才培养质量为根本，社会发展需求为导向，为实现全国高等职业院校艺术设计教育的可持续发展，为中国经济、文化建设做出新的贡献。

清华大学美术学院副院长

何洁

前　言

随着我国经济的发展，人们生活水平的提高，人居环境得到了改善，城市绿地率也得到了增加。人们越来越多地关注景观设计，使得绿地设计和建造质量不断改进和提高。

景观设计是环绕建筑外部空间所进行的一项综合了艺术和技术的系统工作。而以植物题材进行的景观设计，更能体现人与自然的和谐统一。植物景观设计随着时代的发展不断包涵着更深、更广的内容，既为植物自然更替提供了适宜的条件，更为人类提供了理想的生存环境。

本书在编写过程中，将“大胆改革，努力创新，重视基础，推陈出新，面向 21 世纪，培养有创造力的人才”作为指导思想，并为适应教学改革的需要，力求内容精练，深度适中，突出实用性和时代性。通过对国内外现代植物景观设计实例和设计理念的介绍，充分展示了不同风格与特点的植物景观设计思路、设计方法和设计实践，全面总结了植物景观设计的基本理论和设计方法，系统收集整理了大量技术资料、图片等，具有内容翔实、丰富全面、编排合理、方便实用等特点。本书共分 8 章，主要内容包括植物景观设计概述，植物景观设计的构成要素，植物景观设计的内容，植物景观设计原理，植物景观设计的原则与实施，植物景观的造景设计，植物景观设计表达，植物景观设计实例等。本书内容丰富、浅显易懂、实用性强，希望读者能认识到植物本身和植物形成的空间特征的多样性，领会到这些特征在设计领域中运用的广泛性。

本书由南京钟山学院王波、王丽莉担任主编，副主编为广州番禺职业技术学院周翠微、南京林业大学邱冰和河南鹤壁职业技术学院刘和平，南京钟山学院的陆厚成、周玲玲、贺晶晶等参加了本书的编写工作。

在此特别感谢江苏海事职业技术学院冯茂岩教授和万先梅教授对本书编写给予的热心指导和大力支持；感谢邱冰老师、李萍老师、周玲玲老师、贺晶晶老师和周翠微老师等为本书的编写付出的心血。在本书的编写过程中，参阅了大量的专业文献和设计图例，在此向有关出版社、作者一并表示真诚地感谢。

由于编者学识与水平有限，书中难免有疏漏，希望能得到有关专家和广大读者批评指正，以便进一步修订完善。

编　者

2008 年 9 月于南京

目　录

第 1 章

植物景观设计概述

学习目标：了解植物景观设计的基本概念、中外植物景观设计的发展历史、植物景观设计的发展趋势和植物景观设计可持续发展的原则，为以后的设计实践奠定理论基础。

1.1 植物景观设计的概念

“景观”一词的概念非常宽泛，可以理解为人类环境中一切视觉事物的总称，它可以是自然的，也可以是人为的。在本书中，我们把它定义为“风景”、“景致”，即一定地域界限内的自然和人文的综合景色。

植物景观即以植物题材形成的景观。植物景观设计是运用乔木、灌木、藤本、草本等植物素材，通过艺术手法，结合考虑各种生态因子的作用，充分发挥植物本身的形体、线条、色彩等自然美，来创造出与周围环境相适宜、相协调，并且表达一定意境或具有一定功能的艺术空间，供人们观赏（图 1.1）。由此可以看出，植物景观设计与艺术学、植物生态学、环境心理学、园艺学、建筑学、规划学等学科关系紧密，是一门科学与艺术相结合的学科。

图 1.1 植物景观富有生命的活力

植物是唯一有生命力的景观要素，能使空间体现生命的活力，富于四时变化，是植物景观设计中的重要组成部分，但在植物景观设计中，要考虑的绝不仅是植物，还要综合多方面的因素，诸如视觉、生态、文化、地域、土壤、气候等。随着社会时代的发展，植物景观设计甚至包含更深更广的内容（图 1.2）。

图 1.2 植物景观设计不是简单的栽花种草，而是为人类生活提供理想的自然生态环境

对植物景观设计，人们通常简单错误地理解为栽花种草，很多地方持有“三季有花、四季常绿”等观念，植物景观处于喷泉、雕塑、小品等人工景物的陪衬地位，或偏爱以植物材料构成图案效果，热衷把植物修剪成整齐划一的色带或几何形体；或者用大量的栽培植物形成多层次的植物群落，但人工气息十分浓厚；或者片面强调生态效应，将大量的成年大树移栽到城市和园林中。过分整洁的园林景观，失去了野趣横生的自然风貌；不讲科学的逆境栽植，造成了难以为继的高昂代价；极度贫乏的植物材料，组成了单调乏味的植物景观；千篇一律的设计手法，形成了如出一辙的园林景观——这样的作品如何能让人感受到植物景观的自然和文化之美？

现在，植物景观设计强调自然文化和植物景观的设计手法，关注环境的复杂性、独特性和完整性，充分认识到地域性自然景观中植物景观的形成过程和演变规律，并顺应这一规律进行植物配置。植物景观设计师不仅要重视植物景观的视觉效果，更要营造适应当地自然条件、具有自我更新能力、体现当地自然景观风貌的生态环境，使植物景观成为一个园林景观作品，乃至一个地区的主要特色。可以说，现代植物景观设计的实质就是为植物自然生长、演绎更替提供最适宜的条件，为人类“诗意的栖居”提供最理想的环境。

1.2 植物景观设计发展简述

人类创造景观环境的历史十分悠久，最早可以上溯到公元前 4000 年的巨石碑和公元前 2000 年的岩画，有记载的比较成熟的园林植物景观可以追溯到古埃及人在庭院中植树以改善气候，以及我国商周时代的“苑囿”，前者是改善人类居住环境的典范，后者则带有更多的休闲景观功能。

1.2.1 中国古代园林植物景观

在中国的古典园林艺术中，我们可以感悟到那亭、台、楼、榭的布置，花、草、树、木的布景，无不体现着自然和人之间的“和谐”。人入其中，已完全与自然融为一体，即自然与人合二为一。中国古代植物景观主要表现为园林形式，大致经历了以下几个发展时期（见表 1.1）。

表 1.1 中国传统园林植物景观的发展

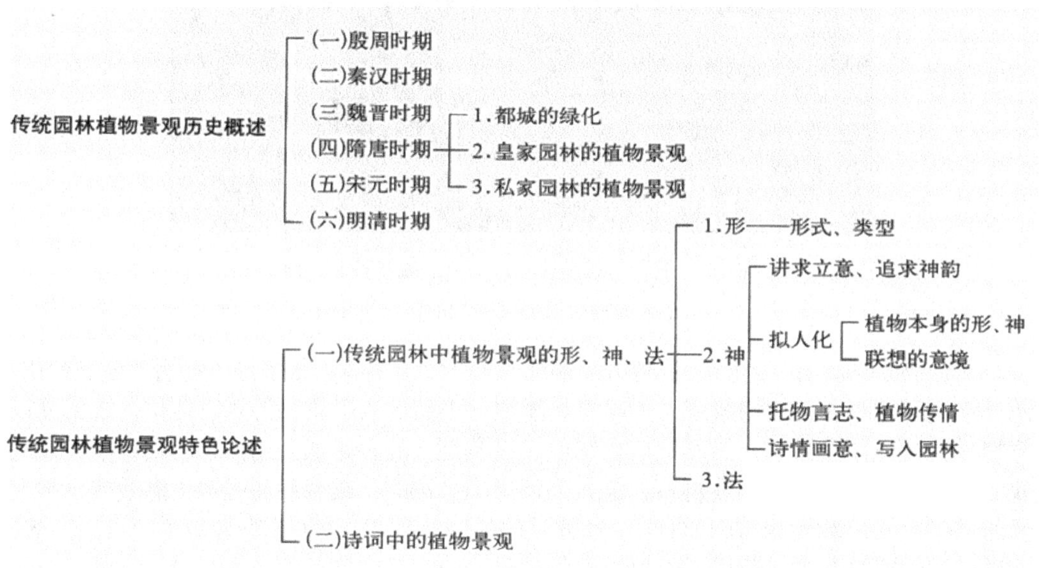

中国园林的产生与中国自古以来崇尚“天人合一”的思想有关。在人们探求自然、征服自然的过程中，优美的自然景色使人们沉浸于一种不可言述的怡情悦性的感怀情绪之中，同时又激发了人类与生俱来的“诗意”创作情怀。面对这样的山石林泉、田野牧歌的景致，使人们引发了要再造自然的灵感。因此，园林这种将自然山川“移天缩地”地照搬过来，以真实景观为蓝本“模山范水”，成为我国园林早期以至后来的造园活动中的主要手段，并在我国传统的美学思想中融入诗画意境，从而形成了写意式的山水园景。这种极富文人意蕴的造园的最终结果，是以“一勺代水，一卷代山”的形式体现出来的，使物质化的园林景观能实现与表现文化观念的精神价值。因此，中国古典园林以山水为骨架，表现了以山水为载体的诗、赋、词和画的共同的审美特征。所以，古代的造园家往往多为诗人与画家，这样方能使造园的意境与格调达到很高的层次，由此从三千多年的造园过程发展到后来的极富书画情趣的文人写意园林。

1. 殷周时期

根据有关典籍的记载，我国造园活动产生于殷周时期，早期称为“囿”。据考察，“囿”是中国园林的最初形式，产生于商末周初，是指圈定的一个自然区域，在里面蓄养野兽飞禽，种植刍秣，供帝王贵族狩猎游乐享受之用。囿一般都利用自然的山峦谷地围筑而成，规模有大有小，小至几千米，大至上百千米，是古代社会统治者身份的象征。商纣王广堆沙丘与苑台，将野兽飞禽养在其中，作为狩猎行乐之用。到周文王建灵囿，方圆三十多千米，其间草木茂盛，鸟兽繁衍。此时已将苑称为囿，就是将自然景色优美的地方圈起来，放养禽兽，供帝王游猎，因此也叫游囿。天子、诸侯均有囿，有等级之分。

2. 秦汉时期

秦汉时期，出现了专供帝王游乐的“苑”。秦代的宫苑多达六七百所，其中许多都建在有山有水的地方。著名的上林苑就建在渭河之滨的咸阳，苑中建有许多宫殿，阿房宫是其中最主要的一组宫殿。苑内森林覆盖，树木繁茂，是当时最大的一座皇家园林（图 1.3）。

汉代的园林主要为皇家的宫苑，且大多是在秦代众多的宫苑基础上发展而来的，苑的规模进一步扩大，苑内的观赏内容增多，成为具有居住、娱乐、休闲等多种用途的综合性园林。以汉武帝时扩建的秦代上林苑（图 1.4）最具代表性。苑内修建了大量的宫、观、楼、台供游赏居住，并种植各种奇花异草，蓄养各种珍禽异兽供帝王狩猎。上林苑规模宏大，其范围早已超出宫城，地跨一城四县，苑墙长达 150 千米左右，为我国历史上最大的皇家园林。

图 1.3　阿房宫复原图

图 1.4　上林苑

3. 魏晋时期

魏晋之际，社会动荡不安，社会思想却十分活跃，又出现了各家各派百家争鸣的局面，这些影响到艺术领域的开拓，也影响到园林艺术的发展。园林营造由粗放转向细致，由物质享乐转向物质和精神享受并重，并升华到艺术创作的新境界。魏晋时期是政治更迭时期，也是古典园林的重要转折时期，即写意山水园的出现（图 1.5 和图 1.6）。

图 1.5　兰亭

图 1.6　曲水流觞

这一时期的文人士大夫由于厌倦政治，并受当时佛、道出世思想的影响，转向寄情山水，他们或建园寄情、或隐逸山林，借以逃避现实，于是私家园林的兴建盛极一时。著名的如大官僚张伦在洛阳建的宅园，其植物景观为“高林巨树，足使日月蔽兮”，其中“烟华露草，或倾或倒，霜干风枝，半耸半垂，玉叶金茎，散满阶墀，燃目之绮，裂鼻之馨”，不仅给人视觉上的美感，也给人嗅觉上的芳香，且“既共阳春等茂，复与白雪齐清”，更展示了植物四季的季相风韵。山水诗人谢灵运在会稽的庄园，其植物景观主要以竹为主，水又与竹结合，水中有草，园中栽药，极具山水田园之趣。文人写意山水园的造园思想影响了皇家宫苑的形式，也为以山水为主体的中国造园奠立了基础。

魏晋时期的私家园林注重植物的季相景观，以景寄情，以物托志，充满了浪漫主义色彩，创作出一种潇洒而写意的植物景观景象。同时，植物景观与文学的结合也将园林艺术领域大大地加以深化和拓展了。

4. 隋唐时期

随着魏晋南北朝期间兴衰更替的结束，隋代园林开启了新的时代特点。隋统一了南北，使南北地域文化融合，从多文化向一体化发展，反映在园林上，如洛阳西苑成为秦汉以来山水园的典范。其中有内海，设三仙岛，台观宫殿罗列于山上，堂殿楼观极其华丽。特别是利用树叶秋冬凋落，将剪出的彩纸花卉点缀于枝条上，色彩鲜嫩如新叶，犹如阳春之景。苑内十六院皆傍水而建，院院相接，以水联系。显然受到南方园林的影响，仁寿宫是集自然山水与人工山水一体的“离宫之冠”。这与隋炀帝“亲自看天下山水图，求胜地造宫苑”的作为有关。不出户门，却能享受到“主人山门绿，水隐湖中花”的雅致情趣。

唐代的皇家园林规模宏大，营构精美，园林建设趋于规范化，最具代表性的有大明宫、兴庆宫和华清宫。大明宫内有太液池，池中有蓬莱岛，岛上遍植花木，尤以桃花为盛。而兴庆宫则以花卉取胜，其牡丹更是名重京华，以品种名贵、数量众多，色彩丰富而闻名于世。华清宫坐落于青山绿水的骊山之中，植被丰富，松柏遍山，花木繁茂，更有盈实果园遍布其中，是一所自然景观十分优美的宫苑（图 1.7 和图 1.8）。

图 1.7　华清池

图 1.8　华清池长生殿

5. 宋元时期

宋代的皇家园林以“艮岳”为代表，此园由于皇帝宋徽宗的主持参与而在历史上具有特殊的意义，成为反映宋代文化及文人风格园林的代表作品。艮岳在园林植物的选择和配置上精粹而有特色。植物品种除东京本地的植物外，还有来自江南乃至岭南的奇花异草。植物配置方式多与园内其他自然景点结合，用一个或两个品种集中成片、成丛、或成林栽植，并以植物命名形成有特色的植物景观。

唐宋时的私家园林也极为发达。唐代私家园林最著名的要数王维的辋川别业、白居易的庐山草堂（图 1.9）和一些寺观园林。从其植物景观来看，大多得自于原有的自然植被，但造园者也在这个基础上建造了一些颇有特色的植物景点，使园林更具自然田园的风味。

图 1.9　白居易庐山草堂

宋代的私家园林，当以文人李格非所著《洛阳名园记》为代表，其中记载了洛阳的十九处名园，而突出植物具观赏性质的只有天王院花园子、归仁园和李氏仁丰园三处。园林以莳花栽木著称，尤以牡丹、芍药为胜。梅花在宋代也成为文人的至爱，咏梅诗是这一时期最具特色的诗词歌赋。

宋代园林由于受禅宗哲理及文人写意画的直接影响，园林创作手法由写实向写意转化，园林呈现为“画化”的特征，景题、匾额的运用，又赋予园林“诗化”的特征。这些不仅抽象地体现了园林的诗情画意，更深化了园林的意境蕴涵，使中国古典园林具有浓郁的文人气息。

6. 明清时期

明清时期造园活动主要体现在南北京都皇家园林与江南一带私家园林的繁盛上。由于明清砖石建筑的普遍推广，促进园林尤其是皇家宫苑建筑具有恢弘的气魄。主要宫苑是西苑，是在元代太液池的基础上向南扩建南海而形成的三海，园景风貌较为自然，仍承袭北宋山水园的形式。

明清园林是中国造园技术最为成熟、艺术成就最高的园林（图 1.10）。

(a)

(b)

图 1.10　苏州狮子林

明清两代都定都北京，皇家园林主要建于北京城内及近郊。最为著名的皇家园林主要是圆明园、畅春园、颐和园和承德避暑山庄（图 1.11）。这些园林或依山傍水，林木葱郁，自然成趣；或古树苍虬，姿态奇特，引人入胜；或珍花奇木，姿态万千，雅趣盎然，植物景观异常丰富多彩。

明清的私家园林发展也很快，主要集中在江南一带，保存至今的优秀作品有拙政园（图 1.12）、寄畅园、留园（图 1.13）、网师园等。

这些私家园林艺术格调高雅，造园技术精湛，具有深厚的文化积淀，代表了我国私家园林的最高水平。

（a）

（b）

图 1.11　承德避暑山庄

图 1.12　苏州拙政园

（a）

（b）

图 1.13　苏州留园

纵观明清园林，深受诗文绘画的影响，造园手法以写意创作为主，表现出浓郁的“诗情画意”境界。而大量文人参与造园活动，使得园林意境具有深厚的文化底蕴和文人气息，形成明清园林独具一格的文化特色，也代表了中国古典园林追求境界的最高艺术成就。

随着封建社会的由盛至衰，清皇朝的没落及国力的衰微，中国造园艺术也从高峰跌至低谷，造园活动趋于停滞不前，园林艺术进入一种混乱无序的历史时期。

1.2.2 外国古代植物景观

1. 古希腊时期

古希腊由众多的城邦组成，信奉神教，建造了像雅典卫城这样壮丽的庙宇景观（图 1.14 和图 1.15）。古希腊的植物景观主要围绕一些公共活动的场所而造。如“圣林”就是古希腊人在神庙外围种植的树木，大片的林地创造了良好的环境，也可以衬托神庙，增加其神秘的气氛。竞技场是古希腊另一类重要的公共场所，场所旁种植成片的树木，形成林阴道。

图 1.14　雅典卫城全景

图 1.15　雅典卫城局部图

古希腊受数学、几何学及哲学、美学的影响，认为美是有规律的，是秩序、合乎比例协调的整体，美感的产生依赖于均衡稳定的规则样式，所以其植物景观多采用规则布局方式，为欧洲规则式景观奠定了基础。

2. 古罗马时期

古罗马植物景观深受古希腊影响，最具代表性的一种类型是庄园。庄园多建在城外或近郊，群山环绕，树木葱茏，环境优美。园内花团锦簇，果树茂盛，与水池、喷泉、雕塑等景点共同创造出清凉宜人的生活环境。

受古希腊审美影响，古罗马植物景观一般也都体现出井然有序的人工美：树木栽种于呈直线或放射形园路两旁，几何形的花坛花池，以及修剪整齐的绿篱等。此外，古罗马人还创造了一种植物雕塑造型法（图 1.16），即把植物修剪成各种几何形体、文字、图案甚至一些复杂的动物形象，这种造型手法在现代植物景观造景中还经常运用。

图 1.16　植物雕塑造型

3. 中世纪时期

中世纪古代文化光辉泯灭殆尽，社会动荡不安，人们纷纷到宗教中寻求慰藉，因此中世纪的文明基础主要是基督教文明，这一时期的景观艺术没有很大的发展，景观类型主要是宗教寺院庭院和城堡庭院（图 1.17）两种。两种庭园都是以实用性为主，主要种植果树花木，如果园、菜园等，形成植物景观。随着时局趋于稳定和生产力不断发展，园中装饰性与娱乐性也日益增强。

图 1.17　英格兰中世纪城堡的经典之作——华威古堡

4. 文艺复兴时期

15世纪初叶，意大利文艺复兴运动兴起。文学和艺术飞跃进步，引起一批人爱好自然，追求田园趣味，文艺复兴园林盛行。这一时期最主要的景观类型是庄园，尤以意大利台地式庄园（图1.18）为代表。庄园在高耸的欧洲杉林背景下，自上而下，形成多层台地，中轴对称，设置多级水池、喷泉，两侧对称种植整形的树木、植篱及花卉，动静结合，趣味性强。庄园的植物造型复杂，绿篱的修剪达到了登峰造极的程度。绿色雕塑比比皆是，点缀在园地或道路的交叉点上，起到墙垣和引路的作用。

(a)

(b)

图1.18 意大利台地式庄园

5. 17世纪法国宫廷式花园

17世纪，园林史上出现了一位开创法国乃至欧洲造园新风的杰出人物——勒·诺特（Andre Le Notre 1613～1700），他设计了闻名于世的凡尔赛宫（图1.19），开创了法国宫廷式园林景观。其景观特色为：庭园平面布局主从分明、秩序严谨，呈铺展式延伸，普遍使用宽阔的大草地，庭园与大自然直接相连。庭园的纵横轴线灵活运用，纵轴本身也是水渠、草坪、林阴道（图1.20和图1.21）。建筑通常位于中轴线的最高处，水渠、喷泉、花坛都是主要的造景要素。庭园多选用温带植物，树木采用行列式栽植，通常修剪成几何形体，形成整齐的外观。布置于府邸近旁的刺绣式花坛也是其一大特色。

图 1.19　凡尔赛宫

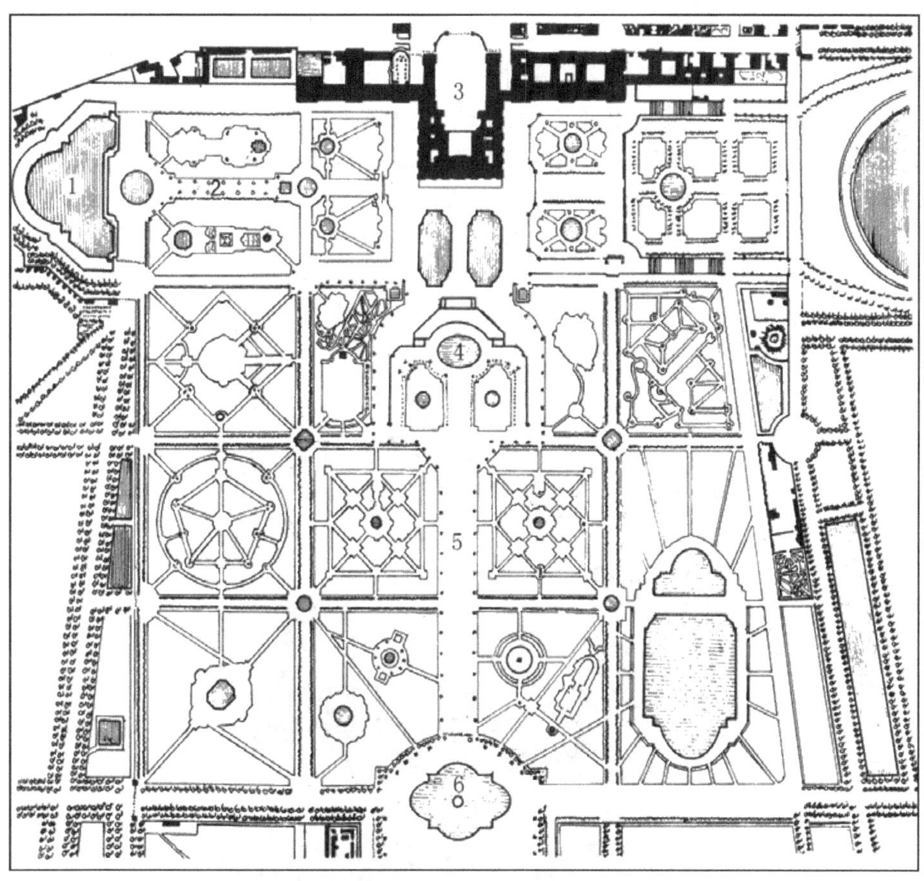

1．海神池　2．水光林阴道　3．宫邸　4．拉通娜水池　5．皇上林阴道　6．阿波罗神地

图 1.20　凡尔赛宫苑局部图

图 1.21　凡尔赛宫花园一角

6. 18 世纪英国自然风景式园林

17 世纪和 18 世纪，绘画与文学两种艺术热衷于自然的倾向影响了英国造园，加之受中国园林文化的影响，英国出现了自然风景园（图 1.22）。以起伏开阔的草地、自然曲折的湖岸、成片成丛自然生长的树木为要素构成了一种新的园林。18 世纪中叶，园林中开始建造一些点景物，如中国的亭、塔、桥、假山以及其他异国情调的小建筑或模仿古罗马的废墟等，人们将这种园林称为感伤主义园林或英中式园林。

(a)

图 1.22　自然风景式园林

(b)

图 1.22（续）

1.2.3 现代植物景观

现代植物景观的产生一是来自于对传统的反叛，二是对人性化的思考。

19 世纪后期，由于大工业的发展，许多资本主义国家的城市膨胀、人口集中，居住环境日趋恶化。加以现代交通工具发达，百里之遥朝发夕至，于是，在郊野地区兴建别墅园林成为资产阶级的一时风尚，19 世纪末到 20 世纪是这类园林最为兴盛的时期。而终年居住在贫民窟里的工人阶级迫切需要优美的园林环境作为生活的调剂，当时的许多学者因此提出了种种城市规划的理论和方案设想，同时也考虑到园林的植物景观问题。其中霍华德（E.Howard）倡导的“花园城”不仅是很有代表性的一种理论，而且在英国、美国都有若干实践的例子，但并未得到推广。

第一次世界大战以后，造型艺术和建筑艺术中的各种现代流派迭兴，园林也受到它们的潜移默化。把现代艺术和现代建筑的构图规则运用于造园设计，形成了一种新型风格的“现代园林”。这种园林的规划讲究自由布局和空间的穿插，建筑、水、山和植物讲究体形、质地、色彩的抽象构图，并且还吸收了日本庭园（图 1.23）的某些意匠和手法，环境氛围亲切而自然，更具人情味。

现代园林随着现代建筑和造园技术的发达而风行于全世界，至今仍方兴未艾。而解构主义与后现代主义的兴起又影响着现代园林景观向着更为广阔的多元化方向发展，使现代园林景观以更人性化的面貌出现在人们面前。我国目前城市园林设计也正和国际化的设计风格接轨，趋向简洁与明快，强调对比的美学欣赏趣味。但在具体实践中，还必须融入或保留我国传统园林的基本特征（图 1.24 和图 1.25）。

图 1.23 日本庭园“枯山水”风格

图 1.24 现代园林环境自然亲切

图 1.25 现代园林重在人性化的设计

1.3 植物景观设计的可持续发展

可持续发展作为一种思想源远流长，但作为一个科学概念是 20 世纪 80 年代初才正式提出来的。其基本含义是：人类社会的发展应当既满足当代人的需要，又不对后代人满足其需要的能力构成危害。可持续发展的核心是发展，它具有两个鲜明的特征：一是发展的可持续性，即发展应满足现代人和未来人的需要，达到现代和未来人类利用的统一；二是发展的协调性，即发展必须充分考虑资源和环境的承受能力，追求社会经济和资源环境的协调发展。

这类园林，给予我们最有启发价值的莫过于野口勇。作为雕塑家的野口勇，设计了联合国教科文组织巴黎总部的小型游憩园（图 1.26）。他将自由曲线分割成各种平面团状色块，而这种平面图形使人想起了野兽主义画家马蒂斯彩色剪纸。我们看到，描象绘画简洁、强烈的视觉形象的平涂色块，从线与面的构成、色调的处理、绿色草坪与黄棕色的沙土，以及白色地砖的铺装，再点缀湖绿色的浅水池，对比强烈的视觉印象吸引了人们的注意，在有限的空间内用白色曲线进行分割，对比强烈，使平面的图形犹如装饰绘画。在视觉肌理的处理上，也以各类不同的铺地材料突出了各个界面的色彩，而整个基调则显得充满东方禅意的纯洁静谧和单纯素朴。

图 1.26 联合国教科文组织巴黎总部的小型游憩园

植物景观设计是一种营造适宜人类生存环境的活动，与自然、社会有着密切的联系。传统的植物景观设计反映的是人类征服自然的过程，将自然看作原材料，强调用人工手段去改造自然，强调社会和经济效应。而现代植物景观设计坚持可持续发展的理念，认为自然是永恒的主题，强调顺应自然规律进行适度调整，尽量减少对自然的人为干扰，均衡社会效益。

坚持可持续发展的植物景观设计，在设计原则方面要遵守以下几点。

1）自然性原则：植物景观设计首先要符合当地的自然条件状况，按照自然植被的分布特点进行配置。

2）地域性原则：植物景观设计应与地形、水系相结合，做到“适地适树”，选择与地域景观类型相适应的植物群落类型。

3）多样性原则：植物景观设计应充分体现当地植物品种的丰富性和植物群落的多样性，且为各种植物群落营造更加适宜的生长环境。

4）指示性原则：植物景观设计应根据场地的自然条件，营造适宜场地特征、具有自然条件指示作用的植物群落类型，避免反自然、反地域、反气候、反季节的植物景观设计手法。

5）时间性原则：应充分利用植物生长和植物群落演替的规律，注重植物景观随时间和季节变化的效果，强调人工植物群落能够自然生长和自我演替，反对大树移栽和人工修剪等不顾时间因素的设计手法。

6）经济性原则：强调植物群落的自然适宜性，力求实现植物景观在养护管理上的经济性和简便性，避免养护管理费时费工、水分和肥力消耗过高，人工性过强的植物。

思考与练习

1. 简述景观、植物景观及植物景观设计的概念。

2. 现代人们对植物景观有哪些错误的认识？你认为产生这些错误认识的原因是什么？

3. 简述植物景观设计的发展历史，并谈谈各重要阶段植物景观设计的特点及形成原因。

4. 植物景观设计的可持续发展原则有哪些？

5. 试着用你所熟悉的一个环境作植物景观的改造设计，并画出草图。

第2章 植物景观设计的构成要素

学习目标：通过本章学习，了解植物景观设计的构成要素，掌握各构成要素的特点及对植物景观设计的影响和作用。逐步学会应用植物景观构成要素的特点来设计植物景观，并学会处理好各构成要素之间的关系，掌握一些基本的景观设计技巧，以使方案设计富有创意。

2.1 植物景观设计的自然要素

植物景观设计的自然要素包括地貌、生物植被、水体和气候。

2.1.1 地貌

地貌即地表的各种形态，是由地壳运动和其他外力因素相互作用而形成的景观形态。地貌的起伏构成自然景观的基本骨架，不同地貌内外动力过程的结合形成了不同的自然景观特征或意境，如峡谷、峰林、洞穴、河流等。地貌具有的立体感和形象感具有雄伟、险峻、幽深、壮阔或恬静的特性，给人以自然美的感受。地貌的变化能影响人的心情，地势较高的山坡视野开阔，使人心情舒畅，而平缓的林间小道使人感觉悠闲，这都是人们平常的生活体验。在地貌学中，按地貌的高度和形态可分为平原地貌（图 2.1）、高原地貌（图 2.2）、山地地貌（图 2.3）、谷地地貌（图 2.4）和丘陵地貌（图 2.5）等。

图 2.1　平原地貌

图 2.2　高原地貌

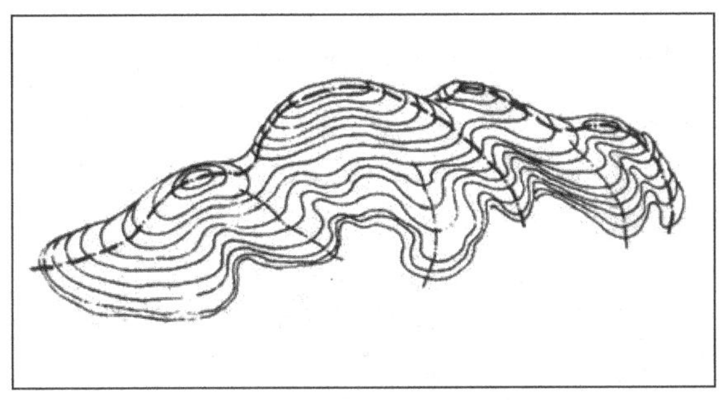

图 2.3　山地地貌

图 2.4　谷地风貌

图 2.5　丘陵地貌

地貌是植物景观的基本构成要素之一，在植物景观中，其作用有以下几个方面。

1）影响地面所接受的太阳辐射、水、营养、污染物和其他物质的数量。

2）影响物质的流动和生物的扩散与迁移。

3）地貌特征影响各种自然干扰与人类活动发生的频率、强度和空间格局。

4）不同地貌特征代表了地形的特异性，并反映下垫面性质和土壤的差异，是植被类型及组成、结构异质性的重要成因。

地貌在宏观上对植物景观的总体格局有强烈的规定作用，并形成植物景观特色的一部分。

2.1.2 生物植被

植被是某一地区内全部植物群落的总体。陆地表面分布着由许多植物组成的各种植物群落，如森林、草原、灌丛、沼泽等，总称为该地区的植被。植被又可分为自然植被和人工（栽培）植被。自然植被是出现在一个地区的植物长期历史发展的产物。组成植被的单元是植物群落，某一地区植被可以由单一群落或几个群落组成。

覆盖地面的植物及群落具有多样性的特点，从山林（图 2.6）到湿地（图 2.7）、从丘陵到高原生长着种类繁多的植物，它们是地球上非常重要的绿色资源和财富。植被的生存环境受制于当地的自然环境，地面土壤、自然气候、环境污染等，这些都会对植被的生长产生不同程度的影响。同时，植被又以其自有的方式间接改变着气候，还可以净化空间，保持水土，为其他生物提供各种食物。

（a）

（b）

图 2.6　各种各样的山林植被

(c)

图 2.6(续)

图 2.7 湿地植被

在植物景观设计中，要强调植物群落的自然适应性，尽量选择与地域景观类型相适应的植物群落类型，避免逆地域、反地域的植物移植。同时，植物景观的造景要注意地域植物群落的多样性和丰富性，有利于水土的保护，有利于生态环境的改善和宜人小气候的形成，避免对自然环境和生态系统的破坏。

2.1.3 水体

水是构成自然景观的重要因素之一，也是自然界最为活跃的因素。由于水与山、植物、气候、季节变化等因素的相互影响，会形成很多奇妙的自然景观（图 2.8）。就植物景观设计而言，水无疑对植物的生长和灌溉有着不可替代的作用，同时，植物与水结合又会创造出无比美妙的空间。

图 2.8 自然界的水体

在植物景观造景中，一方面要重视对水体的有效利用，避免对自然水体的污染和破坏，特别是毁灭性的破坏。尽量利用当地的自然水域对植物进行自然灌溉和养护。在自然水域缺失或不足的情况下，适量人工造湖，以利于植物景观的生长和降低植物景观的维护成本。另一方面要重视对水体的造景作用，处理好植物景观与水体的景观关系。根据水的形态（图 2.9）、动态、势态、声音、面积、深度及与陆岸的形状配置适宜的植物类型，创造可观可赏、可游可玩的意境景观。

图 2.9 利用水的各种形态造景

2.1.4 气候

四季的更替、日夜的气象和温度的变化是气候最显著的特征。这些特征又随经度、纬度、海拔高度、日照强度、植被条件以及水体条件的不同而产生变化（图 2.10）。

图 2.10　气候的变化会产生意想不到的美景

在植物景观设计中，植物能否完成特定的景观功能与其抵抗和适应周围的气候条件的能力是相关的，因此，应重视气候对植物的影响。同时，气候的变化也会引起景观的变化，产生一些意想不到的美景。气候对植物景观的影响主要有以下几方面。

1）温度：温度决定了植物的抵抗能力和生长。植物生长都有最高温度和最低温度的要求，这在很大程度上决定了在一特定地区或一个工程中植物的适应性。

2）降雨量：在决定植物适应性时重要性仅次于温度。在很大程度上控制了植被的分布。降雨量大的地方，容易形成茂密的森林；而降雨量稀少的地方只能维持耐干旱植物的生长。

3）湿度：与温度一起作用于植物。

4）光照：光照强度和持续时间影响着植物的生长。

5）风：风可以帮助植物传播花粉、种子，延续植物的繁殖。大风或突然而起的风又可能会对植物造成危害。

2.2　植物景观设计的人文要素

植物景观设计的人文要素主要包括审美观念以及地域特点。

2.2.1　审美观念

审美观念是一定地域内人们对事物的审美看法和价值取向。它是历史的产物，也随历史的发展而发展。不同时代有不同的审美观念，如古代受社会生产力和人们认识上的限制，审美观念简单淳朴，而现代审美观念则丰富多彩，趋于多元化。同时，不同民族有不同的审美观，如中西方的审美观念不同，中国人崇尚“天人合一”的自然审美观，在景观设计中，主张“师法自然”，形成了自然山水式园林景观（图 2.11）；而西方国家崇尚秩序和比例的美，产生了规整式园林景观（图 2.12）。

图 2.11　中国的自然山水园林

图 2.12　规整式园林景观

审美观念的差异性对设计师有指导的意义，要求设计师在设计植物景观时充分考虑所在地区的审美取向和民俗民风，设计出符合当地人们审美观念，为人们所接受和欣赏的植物景观。

2.2.2　地域特点

地球表面不同区域的地貌、气候不同，产生了地域的地理特点；而各个民族的不同文化和不同审美观念又形成了地域的人文特点。这两个特点综合作用而形成了地域特点。

地域特点的不同形成了不同风格、不同类型的植物景观，如受人文因素影响的地台式景观、庄园景观、自然山水式景观，受地理因素影响的热带植物景观（图 2.13）、亚热带植物景观（图 2.14）、寒带植物景观等。地域特点使植物景观呈现多样性的特点，极大地丰富了植物景观的内容和形式。

图 2.13　热带植物景观

图 2.14　亚热带植物景观

2.3 植物景观设计的形式要素

植物景观设计的形式要素主要包括几何要素以及色彩要素、质感要素。

2.3.1 几何要素

1. 点

点在景观中起画龙点睛的作用。植物景观的点是指单体或几株植物的零星点缀。点的合理运用是景观设计师创造力的延伸，其手法有：自由、陈列、旋转、放射、节奏、特异等，不同点的排列会产生不同的视觉效果。点是一种轻松、随意的装饰美，是景观设计的重要组成部分（图 2.15）。

图 2.15 植物景观中点具有轻松、随意的装饰美

2. 线

在这里所称的线是指用植物栽种的线或是重新组合而构成的线，如景观中的绿篱。线可分为直线、曲线两种。要把景观图案化、工艺化，线的运用是基础。线的粗细可产生远近的关系，同时，线有很强的方向性，垂直线庄重有上升之感，而曲线有自由流动、柔美之感。神以线而传，形以线而立，色以线而明，景观中的线不仅具有装饰美，而且还充溢着一股生命活力的流动美感（图 2.16）。

3. 面

景观中的面主要指的是绿地草坪和各种形式的绿墙，它是景观中最主要的表现手法。面可以组成各种各样的形，把它们或平铺或层叠或相交，其表现力非常丰富（图 2.17）。

图 2.16 植物景观中线的运用

图 2.17 植物景观中线、面的综合运用

4. 体

体是被围合而形成的区域，具有体量感。植物景观中的体由植栽或植栽与其他形体围合而成，有有顶和无顶之分。一般植物景观中的体内部又会建立开敞的空间，内设人行道和观赏休闲空间，供行人观赏游玩（图 2.18）。

图 2.18　由植栽形成的体

2.3.2　色彩要素

植物或是植物群落的颜色是由其表面反射的光线波长所决定，并且表现出视觉特征，这是植物景观设计诸要素中最引人注目的。它能吸引人的注意力、影响情绪、创造气氛，并表现出特定的景观效果（图 2.19）。

图 2.19　色彩是植物景观最引人注目的要素之一

不同色彩能引起人们不同的生理和心理反映，如红色热烈、蓝色幽静、紫色高贵等，这些不同的反映可以为植物景观创造提供设计依据，以创造出许多不同的景观美景（图 2.20）。

图 2.20 由单色构成的植物景观

在植物景观设计中，基本上要用到两种色彩类型。第一种是背景色，起柔化剂的作用以调和景色，它在整个景观结构中应当是一致的、色彩均匀的和悦目的。第二种是重点色，用于突出景观的某种特质（图 2.21）。

图 2.21 重点色在植物景观中的运用

植物景观设计中还可以进一步分成三种色彩结构类型：单色，整个景观中采用同种色彩或色调；补色，采用互补的色彩形成景观突出的丛植以构成支配色；杂色，采用随意布置的色彩绘制成一幅多彩的图画（图 2.22）。

图 2.22 植物景观中运用随意的色彩构成一幅多彩的画

植物景观中的色彩表现还与观赏距离、光线强弱、地貌状况、植物数量及排列方式和密度有关。同时，色彩还和质感密切相关，柔和的色彩有良好的质感效果，而相对刺目或明亮的色彩则表现出粗糙的质感。

在植物景观设计中，对色彩的运用应记住以下三原则。

1）人有倾向明亮鲜艳色彩的心理趋势，同时，柔和的冷色调更有助于安静人们的神经系统。

2）任一植物或植物群落的色彩必须与周围环境协调。

3）为了不破坏连续性，色彩变化应分等级进行，避免强烈的反差。

2.3.3 质感要素

质感可被定义为物质表面的触觉和视觉特征。植物的质感指植物材料的表面质地，和植物组织密切相关。植物景观的质感取决于植物组成单元的形态、尺寸和总体，它对于植物景观来说是能增加尺度、变化、趣味的设计工具（图 2.23）。

(a)

(b)

图 2.23 不同植物的叶片质感

在植物景观中，质感是由树叶、细枝、树干的排列和尺寸建立起来的，它可以从几个方面来描述：粗糙与细腻、毛糙与光滑、重与轻、厚与薄，并且随一年的季节而变化。冬天，落叶树的质感取决于枝干的尺寸、数量和位置。当树叶长满时，它的质感主要取决于树叶的大小、形状、数量和排列。

质感与色彩一样，对观赏者同样有某种生理和心理上的影响。比如质感可从细腻逐步过渡到粗糙，或相反的顺序。从细腻过渡到粗糙，使距离显得近；而从粗糙过渡到细腻，则使距离显得远。不同植物的质感比较如图 2.24 所示。

(a)

(b)

图 2.24 不同植物的质感比较

在设计中，可以通过植物之间的对比来获得质感的表现。如将蕨类植物与灌木植物相比较，则蕨类植物显得更纤细。质感也受植物观赏距离的限制。当我们与一棵树的距离很近时，我们能看到树的叶子形状和表面质感；当我们离这棵树较远时，就只能看到这棵树叶子的总体，质感因而变成植物群的整体感觉。

在植物景观设计中要有效地运用质感，植物的每个部分必须与周边有联系并取得协调。质感变化应当遵循合理和分级的方式，即有序进行，不破坏连续感。

思考与练习

1．植物景观设计的自然要素有哪些？简述各自然要素的特点及对植物景观设计的影响。

2．举例说明人文要素对植物景观设计的指导意义。

3．试运用几何要素进行植物景观平面设计，并画出草图，分析各要素的运用情况。

4．在植物景观设计中，色彩要素的运用应注意什么？植物景观色彩结构类型有哪些？

5．植物景观的质感表现取决于哪些因素？试举例说明植物景观的质感对人的心理影响。

第3章

植物景观设计的内容

学习目标： 通过本章学习，熟悉植物景观硬质设计的内容，掌握植物景观硬质设计的基本方法和技巧；了解植物景观软质设计的概念，学会塑造植物景观的整体空间形象，学会应用植物的空间造型和特性来创造特定含义的景观环境；掌握运用植物栽植设计形成空间结构的方法和技巧，提高景观设计综合运用能力。

3.1 植物景观规划设计的要素

3.1.1 视觉景观形象

视觉景观形象主要是从人类视觉形象感受要求出发，根据美学规律，利用空间实体景物，研究如何创造赏心悦目的环境形象。

植物景观设计中，必须以敏锐和富洞察力的艺术手法分析和组合视觉景观，以充分利用极为细微但充满潜在生机的部分，使视觉景观形象得以保护、弱化、缓和及强化。

视觉景观形象的设计处理必须与相连的用地区域或空间状况相和谐（图 3.1）。可以想象，一个令人兴奋的场景是很难使人联想到平和宁静的视觉景观的。为便于更好地控制视觉景观形象的局限性，使人们能以一种更新奇有趣的方式来看某些局部，利用强有力的吸引将人引至远处，或从一地吸引到另一地，使观赏者步移景异，惊喜不断，是一种有效的手段。而利用对景或衬景的方法则可以使视觉景观形象更为深刻。

图 3.1 视觉景观处理必须与相连的空间状况相和谐，此景观营造出一种清幽宁静的环境氛围

视觉景观形象设计中要注意避免视觉兴奋的分散。视觉兴奋的分散不利于视觉景观形象的形成，使场景凌乱而失去主题意义。

3.1.2 环境生态绿化

环境生态绿化主要是从人类的生理感受要求出发，根据自然界生物学原理，利用阳光、气候、动植物、土壤、水体等自然和人工材料，研究如何创造令人舒适的良好的物理环境。

生态性是植物景观的一个重要特性，因为无论在怎样的环境中建造景观，景观都与自然发生着密切的联系，这就必然涉及景观与人类、自然的关系问题。在环境问题日益突出的今天，生态性应引起景观设计师的高度重视（图 3.2）。

图 3.2　植物景观设计要尊重环境的生态性

把生态理念引入景观艺术设计中，就意味着生态关系的协调与可持续性发展。具体来说，首先是尊重物种的多样性，减少对资源的掠夺，维持植物环境和动物栖息地的质量。其次是尽量减少对自然环境的破坏，特别是毁灭性的破坏，维持地域的生态平衡。最后是尊重地域特点，保留当地的生态特征和文化习俗，避免景观设计中的贵族化和流行化，强行将一些名贵花木或流行花木移植到不适宜的地区栽植。

3.1.3　大众行为心理

大众行为心理主要是从人类的心理精神感受要求出发，根据人类在环境中的行为心理乃至精神活动的规律，利用心理、文化的引导，研究如何创造使人赏心悦目、浮想联翩、积极上进的精神环境。

任何植物景观的建造都是为人服务的，而满足人的行为心理需求程度是评价植物景观宜人性的重要因素（图 3.3）。根据环境心理学研究，人的行为心理对环境的要求主要表现在以下几方面。

图 3.3　植物景观在空间布局上要满足人的行为心理需求

（1）个人空间

这是个人心理上所需要的最小的空间范围，可以避免外界的侵犯和干扰，具有自我保护功能。

（2）密度和拥挤感

密度指个体与面积的比值。环境中，在高密度的情况下会引起一种消极反应和拥挤感。而拥挤对人的行为影响有三个方面：一是导致人际吸引降低；二是导致退缩行为和利他行为减少；三是有可能导致攻击性增强。

（3）私密性

这是对接近自己或自己所在群体的选择性控制。

（4）领域性

这是个人或群体为满足某种需要，拥有或占用一个场所或区域，并对其加以人格化和防卫的行为模式。领域具有组织功能，有助于形成私密性和控制感。

（5）场所

由特定的人或事所占有的环境的特定部分。这里的场所是非空间性的，强调人赋予环境意义，以及人在与环境持续互动之中所构建出的生活世界。

人的行为习性是人的生物性、社会和文化属性与特定的物质和社会环境长期交互作用的结果。在植物景观设计中，要尽可能创造利于公众接触和交往的条件，注重不同领域的边界处理，形成私密性-公共性层次，增强外部空间的生气感和易识别性。

3.2　植物景观硬质设计

3.2.1　地面设计

地面设计是指用各种材料对地面进行铺砌装饰，范围包括园路、广场、活动场地等。植物景观环境中的地面铺装设计可以为人们提供一个良好的休闲场所，并创造优美的地面景观；还可以起到分隔和组织空间的作用，组织交通和引导游览线路。

地面铺装的形式很多，如混凝土、石块等硬质材料铺装，塑料、塑胶、混合土等软质材料铺装，碎石、沙砾等衬垫铺装，以及草坪灌木等植物覆盖等，如图 3.4～图 3.6 所示为三种形式的地面铺装。

图 3.4　植物景观的地面铺装（一）

图 3.5　植物景观的地面铺装（二）

图 3.6 植物景观的地面铺装（三）

地面铺装在设计和施工方面应注意以下几点。

1）地面铺装应具有指引性，增强流线的方向感和空间引导性。

2）选材要综合考虑材料的质感、色彩、尺寸与周围环境的协调性，以及人流密度和高频率使用对地面材料的损坏。

3）使用两种以上材料时应兼顾材料特性，注意预留结合处缝隙，避免材料及结构的破坏。

4）在不同分区和空间节点上要通过铺装材料的材质、色彩和差异来做空间变化的暗示，以利于景观和视觉的调和。

5）尽量使用生态环保材料，特别是透气和渗水率较高的地面材料。

3.2.2 控制设备

控制设备是拦阻设备与引导设备两大部分的总括。拦阻设备包括强制性阻隔和规劝性拦挡。根据环境的性质和被保护对象的不同，可选用多种拦阻手段。

1）实墙：可有效遮挡视线，防止外界干扰。

2）漏墙：即在实墙上做局部漏空处理。视线和噪音的阻隔作用较实墙差，使空间具有半通透的感觉。

3）栅栏：即全漏空或基本漏空的围墙。与外界的视觉通透效果好，且仍具有较强的防护功能。

4）篱笆：由自然材料和绿化材料制作的简易性围墙，具自然亲切感。

5）垣墙：80cm 高度以下的石墙，对视线没有阻挡作用，且拦阻意图不强。

6）栏杆：60cm 高度以下的栅栏，作用类似于垣墙（图 3.7）。

图 3.7　各种各样的篱笆、围栏

3.2.3　标识系统

标识系统可用于标明位置、指明交通方向、表示对参观者的欢迎、显示场地占用情况以及某些警示提醒等，其在植物景观中的作用是十分重要的（图 3.8）。作为一种图示艺术，好的标识系统不仅方便人们的参观游览，还可使平凡的景观产生很强的美学效果。

图 3.8　植物景观中的标识牌

一套好的标识系统应具备最基本的条件，如标识物本身的大小、形状、颜色、排版等，与周围环境的协调性，有时甚至还有植物景观中的象征物或相关形象。

标识系统包括指示牌、介绍牌、警示牌及一些关怀宣传牌。

1）指示牌：标明位置，指示交通方向。

2）介绍牌：对景观环境、内容、特色等的介绍。

3）警示牌：提醒安全注意事项。

4）关怀牌：对游客的关怀提示。

3.2.4 服务设施

景观环境中的服务设施包括垃圾箱、烟灰缸、电话亭、休息椅等（图 3.9）。这些设施具有占地少、分布广、可移动等特性。服务设施的设计主要要考虑到紧凑实用和反映所在环境特征，在布置时应考虑合适的位置，以及与场所和行人的交通关系，做到既便于寻找、易于识别、随时利用，又能提高景观和环境的效益。

(a)

(b)

图 3.9 景观中的各种服务设施

3.2.5 照明设施

照明设施包括灯具、灯罩、灯架、固定装置等（图 3.10）。景观环境中的照明设施选用要考虑两方面的因素，一是满足合理的照明需要，二是照明设施的造型、色彩及布置位置要融入周围环境中，并能美化环境，营造美的情调。

（a） （b）

图 3.10 各种景观照明灯具

3.3 植物景观软质设计

3.3.1 植物景观的软质设计概念

植物景观的软质设计是指用一些艺术的手法来创造景观环境，使景观环境既舒适宜人，又具有特定的功能性。

植物景观的软质设计包括景观空间的塑造、植物的空间造型、植物的特性应用及植物栽植设计的空间结构。

3.3.2 植物景观的空间塑造

植物景观可利用地形及建筑来构筑空间，塑造空间形象，但这种空间一般较为固定，且缺乏灵活性。植物景观中更多的是利用植物本身来组织围合空间，或利用植物与其他构筑要素相互配合共同构成空间范围。植物主要是通过树干的疏密、大小、高低、枝叶来组织围合空间。植物可构成的基本空间形式有以下几种。

1）开敞空间：利用低矮的灌木或地被植物（如绿篱）作为空间的限定因素（图 3.11）。这种空间开敞、外向、无私密性。

图 3.11　利用地被植物作为空间的限定因素，构成开敞空间

2）半开敞空间：由部分较高植物限定的空间，视线部分被阻隔（图 3.12）。

图 3.12　由部分较高植物形成的半开敞空间

3）覆盖空间：有两种形式：一是利用具有浓密树冠的遮荫树构成顶部覆盖而四周开敞的空间；二是绿色走廊式（隧道式）空间，由道路两旁的树交冠遮荫形成（图 3.13）。

4）封闭空间：即顶部和四周都被植物围合。这种空间荫蔽，无方向性，具有极强的隐秘感和隔离感。

5）垂直空间：运用高而细的植物构成一个竖向、垂直向上的空间。空间的垂直感强弱取决于四周的开敞程度与植物的垂直高度（图 3.14）。

图 3.13　由浓密树冠形成的覆盖空间

图 3.14　由高而细的植物构成的垂直空间

植物与地形相结合，还可强调或消除由于地形的变化所形成的空间感。如将植物植于凸起的地势上，便可增强相邻的凹地或谷地的空间封闭感；而将植物植于凹地或谷地的底部或周围的斜坡上，将会减弱或消除由地形所构成的空间封闭效果。

植物还能改变由建筑物所构成的空间范围和布局。如用植物将建筑物所围合的大空间分割成许多小的次空间；或用植物将几个建筑物形成的空间连接成一个系列空间，增强空间的趣味感。

此外，还可通过植物的造型或整形处理和艺术手法来塑造景观的艺术空间形象，如欲扬先抑，欲散先聚，欲高先低，欲明先暗等，达到如文学作品中所说的“山穷水尽疑无路，柳暗花明又一村”，“曲径通幽处，禅房花木深”，“庭院深深深几许”等诗情画意的境界。

3.3.3　植物的空间造型

植物的空间造型是指从植物的总体形态与生长习性来表现的三维外部轮廓（图 3.15）。它是由植物的主干、主枝、侧枝及叶子所体现的。植物的不同空间造型有不同的情感表现，形成千姿百态的空间美。植物的造型又分为单株植物的造型和群植植物的造型。单株植物造型主要分为垂直向上型、水平展开型、无方向型和特殊型。

垂直向上型包括：圆柱型（如钻天杨、杜松）、笔型（如铅笔柏、塔杨）、尖塔型（如雪松、南洋杉、冲天柏），圆锥型（如圆柏、毛白杨）。此类植物以其挺拔向上的生长之势引导观赏者的视线，使人产生一种超越空间的垂直感和高度感。这类植物宜于表达严肃、静谧、庄严气氛的空间，如陵园、墓地等，也可与一些低矮的植物配置，形成强烈的对比，产生跌宕起伏的感觉。

(a)

(b)

图 3.15 植物的人工空间造型

水平展开型包括偃卧形（如偃柏、铺地柏）、匍匐形（如葡萄、爬山虎）。水平展开型植物既具有安静、平和、舒展的积极表情，又能营造空旷、冷寂的气氛。水平展开型植物使植物产生外延的生长动势，引导视线方向，可增加景观的宽广度。在应用上，宜与垂直向上型植物搭配，产生纵横发展的效果。或与地形的变化、场地的尺度相结合，表现其遮掩的作用。或作地被，形成较好的平面效果。

无方向型指以圆形、椭圆形或以弧形、曲线为轮廓的构图，因其对视线的引导没有方向性和倾向性，故称无方向型。无方向型植物造型包括圆形、卵圆形、伞形、钟形等。这些造型具有柔和平静的格调，可用于调和外形强烈的植物，形成设计的统一性。

特殊型包括垂枝形、曲枝形、棕榈形等。其应用应视造型与地形和周围场景结合情况而定。

群植植物的空间造型指植物通过群植的方式形成的空间立体效果，其空间表现形式主要是群体植物，而不是单株植物。群植植物的空间造型主要有：草坪、绿篱、绿棚、林缘线、花坛、林阴道。

1）草坪：主要由水平展开型植物群植形成，形成一种平面感觉（图 3.16）。平面形状可以是规则式的，也可以是不规则式的。在景观中，草坪可以起衬景作用，使围绕其周围的竖向植物更突出形象。其本身也可承担硬质铺地的功能，软化景观的视觉空间。

图 3.16 草坪

2）绿篱：植物通过行植形成的规则几何形式或直线形式称为绿篱（图 3.17）。绿篱可高可矮，在景观中可形成独立的景观形象，也可以作为软化的墙体，起围合组织空间和引导空间的作用，还可以作为雕塑或其他植物造型的背景。藤本植物、长绿灌木、花灌木、常绿树木或落叶树木都可用作绿篱。

图 3.17 绿篱

3）绿棚：由植物缠绕或附着于支架上，构成顶棚形式，顶棚下面为人们活动的空间。绿棚可形成绿色的凉棚或走廊，或花棚，可有效阻挡阳光，给人阴凉舒爽的感觉（图 3.18）。

图 3.18 绿棚

4）林缘线：林缘线原意指树冠垂直投影在平面上的线，这里指密植在一起的树和生长在其下的灌木组成了一道绿墙，形成开放空间的自然边界（图 3.19）。林缘线首先要具有良好的天际线形状，组成林缘线的树木要求在形状上协调，可采用无方向型树木搭配而形成舒缓平和的林缘，也可采用垂直型树木形成高大的林缘。林缘线还要注意树木的肌理搭配，树木肌理对林缘线的光影变换、色彩浓淡起着关键性的作用。

图 3.19 林缘线示意图

5）花坛：是指具有一定几何轮廓植床内种植的观赏植物（图 3.20）。花坛植物可是单一品种，也可是多种植物搭配。植物纹样形式也是多种多样的，可以是规则几何式，也可是抽象图案，或题字、标志性图案等。花坛的优势不但在于多样性的强烈装饰，形成视觉的焦点，也在于其随时可更换的灵活性，赋予景观常新多变的感受。

(a)

(b)

图 3.20 各式花坛

6）林阴道：道路两旁线型种植的树木形成了一种特殊的顶棚——林阴道（图 3.21）。林荫道能提供竖向的边界，限定交通线路，还能提供阴凉空间，其作用类似于绿棚。不同树种、生长年限和种植间距，都会影响林荫道的空间效果，给人不同的空间感受。

图 3.21 林阴道

3.3.4 植物的特性应用

在植物景观中，植物的特性应用包括植物季相设计和性格设计。

植物的季相变化（图 3.22）是植物对气候的一种特殊反应，是生物适应环境的一种表现。如大多数的植物会在春季开花，发新叶，秋季结实，而叶子也会由绿变黄或其他颜色。植物的季相变化成为植物景观中最为直观和动人的景色，正如人们经常看到的文字描述，像海棠雨、丁香雪、紫藤风、莲叶田田的荷塘等，这些景色无不为人们的生活增添了色彩，令人流连忘返。

植物的季相设计首先应对植物本身的季相变化有清晰的了解。植物在不同的季节有不同的生态表现，如一般植物都是春华秋实，树叶颜色也随春夏秋冬的更替而由绿变黄。但某些植物则具有独特性，如菊开深秋、梅开寒冬，枇杷于春季结果，而桃李于夏季结果，更有四季常绿的植物。其次是要对植物各个部分在四季的变化进行设计，注意花的持续期、果的挂果期、枝干树叶的四季变化，使植物景观呈现季季有景。最后，按照美学的原理合理配置。

（a）

（b）

图 3.22 植物的季相变化

植物的性格设计是指根据人们赋予给植物的性格特征进行组合搭配，营造具有特殊含义的景观环境。自古以来，人们就喜欢根据植物的形态特征和生长习性赋予植物人格化的特征，特别是在中国、日本、古埃及和古希腊，许多植物都具有象征意义，如白桦挺拔优雅，姿态潇洒，被比作意气风发的少年；柳树空灵飘逸，代表伤感的离别；石榴多子，在古希腊代表生命永恒，在我国代表多子多福；松代表君子，菊代表坚强，竹代表高风亮节，梅、兰、竹、菊更是被喻为“四君子”。在设计中，充分发挥想像力，提取出不同植物的相同性格特征，就可以形成富有深意的植物景观形象。如在我国就有梅兰竹菊、柳绿桃红、玉堂富贵、高台牡丹、松鹤延年的传统配置，具有小家碧玉式的雅致耐看，也具有为人熟知的象征意义（图 3.23）。

（a）

（b）

图 3.23 根据植物的性格造景

3.3.5 植物栽植设计的空间结构

在植物景观的空间规划中，栽植设计起着重要的作用。具体来说，植物栽植可以组成轴线结构、道路系统、几何图形、坐标网络、空间层次等，还可以提示空间的转折与过渡，以及起到框景与借景的作用。

1）轴线结构：轴线是一条或隐或实的线，轴线上的所有要素都围绕它安排，常被用作组织场地和构图，可以赋予景观秩序美。轴线的表现方式多种多样，常见的方式是道路，由草坪、绿篱或花坛围合，也可以由高大的乔木围合。植物栽植形成的轴线主要是在轴线上种植植物，如草坪、花坛、树丛等，也可以是几种形式的组合，形成或直观或微妙的轴线结构形式（图 3.24、图 3.25）。

（a）

（b）

图 3.24 由植物栽植形成的轴线结构

图 3.25 植物栽植的轴线结构

2）道路系统：道路是供人们游览的路线，其宽度、所用材料及周围植物的配置方式都对行人的心理造成影响。道路的入口、出口、中心，所连接的景点和空间的层次是设计的重点所在，在这些位置上都可以栽植植物，起到提示或引导的作用（图3.26）。采用树木、绿篱、花池等种植方式围绕道路，还可以使道路呈现不同的意境。

图3.26 植物景观中的道路系统

3）几何图形：用植物栽植形成几何形图案，可使景观具有明确的秩序和规律感，增强景观的趣味性和观赏性（图3.27）。

图3.27 由植物栽植形成的几何图案

4）坐标网络：用一系列相平行的线和另一系列相平行的线交织，就构成了坐标网络（图3.28）。在栽植设计中，这些线可以用规律性的行植植物来代替，如果园中的果树栽植就是一种坐标网络。坐标网络是空间设计中常用的手法，可以赋予某个地段一种平均的规律感，也可以利用坐标网络定位其他设计要素。打破或丢失坐标网络的一部分可以取得变异的效果。

图 3.28　植物景观中的坐标网络

5）空间层次：任何景观的空间功能都不是单一的，如从游览空间到休息空间，从公共空间到私密空间，这些空间具有不同的使用价值和特性，也决定了空间的层次性。空间的层次除了可以用建筑形式表现，也可以用绿篱、顶棚、草坪、花坛等植栽围绕的形式来表现（图 3.29）。

图 3.29　空间层次的改变

6）空间的转折与过渡提示：在景观发生变化的位置，空间的大小、明暗、运动或静止、封闭或开敞都会发生变化，在这个位置栽植植物，可以起到提示或暗示的作用（图 3.30）。如在景观的入口或拐弯处栽植特殊的植物，可以吸引游人，并提示前方另有天地。

图 3.30　在空间的转折处栽植特殊的植物起到提示作用

思考与练习

1．试举例说明怎样突出植物景观的视觉形象。在进行植物视觉景观形象设计时要注意什么问题？

2．人的行为心理对环境有哪几方面的要求？如何构建满足人们行为心理要求的环境？

3．植物景观硬质设计有哪些内容？各部分内容对植物景观有何作用？

4．构思一个小型植物景观环境，并作地面、控制设备、标识、照明、服务设施等景观硬质设计，要求草图表达。

5．植物景观的软质设计有哪些内容？谈谈你对各部分内容的认识和理解。

6．试用艺术手法作一个植物景观的空间设计，使这个空间具有某种意境，要求草图表达。

第4章 植物景观设计原理

学习目标：园林植物种类繁多，每一种都有特定的外貌形态和不同色彩。在景观设计过程中，应该根据一些色彩和形式上的设计原理，充分利用植物的不同形态和不同色彩组合出丰富的园林景观空间，从而创造出源于自然而高于自然的园林美。完美的植物景观设计必须具备科学性与艺术性两个方面的高度统一，既满足植物与环境在生态适应性上的统一，又要通过艺术构图原理，体现出植物个体及群体的形式美及人们在欣赏时所产生的意境美。植物景观中艺术性的创造极为细腻又复杂。诗情画景的体现需借鉴于绘画艺术原理及古典文学的运用，巧妙地充分利用植物的形体、线条、色彩、质地进行构图，并通过植物的秀相及生命周期的变化，使之成为一幅活的动态构图。

4.1 植物景观设计的美学原理

4.1.1 形式美原理

1. 植物形式美的表现形态

（1）线条美

线条是构成景物外观的基本因素。在植物景观中，采用直线类组合成的图案（如绿篱、行道树等），可表现简洁、现代、秩序、规则和理性。而自然曲线代表着优美、柔和、细腻、流畅、活泼、动感等（图 4.1）。

图 4.1 植物的线条美

（2）图形美

图形一般分为规则式图形和自然式图形两类，而园林植物景观同样有规则式，也有自然、流动、不对称、活泼、抽象的、柔美和随意的自然式（图 4.2）。

（3）体形美

园林植物造型相当丰富，不同的植物可以创造出不同的造型，产生不同的效果，有的是以自然体形突出特点，有的通过人工修剪而成（图 4.3）。

（4）光影色彩美

植物的质地不同、体形不同、色彩不同，产生的光影效果也就不同。所以在设计过程中要掌握植物的各种不同特性，适当应用于不同的场合。行道树与庭荫树的选择，尤其要注意植物的光影色彩美。

图 4.2　植物的图形美

图 4.3　植物的体形美

（5）朦胧美

植物在造景时，借助于其他元素或者天气因素，会产生很多意想不到的效果。中国传统的山水画，体现出如雨中花、烟云细柳之类，朦朦胧胧，若即若离，宛如仙境的感觉（图 4.4）。

图 4.4　植物造景的朦胧美（清晨的五亭桥）

2. 形式美的运用

植物的形式美，可以通过以下几种艺术手法来表达，突出园林植物景观的特色和风格。

（1）变化和统一

在统一中求变化，在变化中求统一，相同种类的群体可以通过高低不同的形体来产生变化，相同形体的群体可以通过不同的类型来产生变化。植物景观设计时，树形、色彩、线条、质地及比例都要有一定的差异和变化，显示多样性，但又要使它们之间保持一定相似性，引起统一感，这样既生动活泼，又和谐统一。变化太多，整体就会显得杂乱无章，甚至一些局部感到支离破碎，失去美感。过于繁杂的色彩会使人心烦意乱，无所适从，但平铺直叙，没有变化，又会单调呆板。因此，要掌握在统一中求变化，在变化中求统一的原则。运用重复的方法最能体现植物景观的统一感（图 4.5）。如街道绿带中行道树绿带，用等距离配植同种、同龄乔木树种，或在乔木下配植同种，同龄花灌木，这种精确的重复最具统一感。

一座城市中树种规划时，分基调树种、骨干树种和一般树种。基调树种种类少，但数量大，形成该城市的基调及特色，起到统一作用；而一般树种，则种类多，每种量少，五彩缤纷，起到变化的作用。长江以南，盛产各种竹类，在竹园的景观设计中，众多的竹种均统一在相似的竹叶及竹竿的形状及线条中，但是从生竹与散生竹有聚有散；高大的毛竹、钓鱼慈竹或麻竹等与低矮的箐竹配植则高低错落；龟甲竹、人面竹、方竹、佛肚竹则节间形状各异；粉单竹、白杆竹、紫竹、黄金间碧玉竹、碧玉间黄金竹、金竹、黄槽竹、菲白竹等则色彩多变。这些竹种经巧妙配植，很能说明在统一中求变化的原则。

图 4.5 变化与统一

（2）对比和衬托

利用植物的不同形态和特征，运用高低远近、叶形花形、叶色花色果色等对比手法，表现一定的艺术构思，衬托出美的生态景观。

在树丛组合时，要注意相互间的协调，不宜将形态姿色差异很大的植物组合在一起。植物景观设计时要注意相互联系与配合，体现调和的原则，使人具有柔和、平静、舒适和愉悦的美感。找出近似性和一致性，配植在一起才能产生协调感。相反的，用差异和变化可产生对比的效果，具有强烈的刺激感，可形成兴奋、热烈和奔放的感受。因此，在植物景观设计中常用对比的手法来突出主题或引人注目（图 4.6）。

图 4.6 对比和衬托

当植物与建筑物配植时要注意体量、重量等比例的协调。如广州中山纪念堂主建筑两旁各用一棵冠径达25m的、庞大的白兰花与之相协调；南京中山陵两侧用高大的雪松与雄伟庄严的陵墓相协调；英国勃莱汉姆公园大桥两端各用由九棵椴树和九棵欧洲七叶树组成的似一棵完整大树与之相协调，高大的主建筑前用九棵大柏树紧密地丛植在一起，成为外观犹如一棵巨大的柏树与之相协调。一些粗糙质地的建筑墙面可用粗壮的紫藤等植物来美化，但对于质地细腻的瓷砖、马赛克及较精细的耐火砖墙，则应选择纤细的攀援植物来美化。南方一些与建筑廊柱相邻的小庭院中，宜栽植竹类，竹竿与廊柱在线条上极为协调。一些小比例的岩石园及空间中的植物配植则要选用矮小植物或低矮的园艺树种。反之，庞大的立交桥附近的植物景观宜采用大片色彩鲜艳的花灌木或花卉组成大色块，方能与之在气魄上相协调。

（3）动势和均衡

各种植物形态不同，有的比较规整，如石楠、桂花等；有的有一种定势，如垂柳、竹子、松、龙柏、匍地柏等。在设计时，要讲究植物相互之间的和谐，又要考虑植物在不同生长阶段和季节的变化，以免产生不平衡的状况。

将体量、质地各异的植物种类按均衡的原则配植，景观就显得稳定、顺眼。如色彩浓重、体量庞大、数量繁多、质地粗厚、枝叶茂密的植物种类，给人以重的感觉；相反，色彩素淡、体量小巧、数量简少、质地细柔、枝叶疏朗的植物种类，则给人以轻盈的感觉。根据周围环境，在配植时有规则式均衡（对称式）和自然式均衡（不对称式）。规则式均衡常用于规则式建筑及庄严的陵园或雄伟的皇家园林中。如门前两旁配植对称的两株桂花；楼前配植等距离、左右对称的南洋杉、龙爪槐等；陵墓前、主路两侧配植对称的松或柏等。自然式均衡常用于花园、公园、植物园、风景区等较自然的环境中。一条蜿蜒曲折的园路两旁，路右若种植一棵高大的雪松，则邻近的左侧须植以数量较多、单株体量较小、成丛的花灌木，以求均衡。

（4）起伏和韵律

园林植物景观的空间和纵向的立体轮廓线的处理非常重要，应做到高低搭配、有起有伏，产生节奏韵律，避免布局呆板。例如杭州西湖上的白堤，平舒坦荡，堤上两边各有一行垂柳与碧桃间种，每到春季，翩翩柳丝泛绿，树树桃颜如脂，“间株杨柳间株桃”，“飘絮飞英撩眼乱”，犹如湖中一条飘动的锦带，就是一个成功的范例。配植中有规律的变化，就会产生韵律感。杭州白堤上间棵桃树间棵柳就是一例。云栖竹径，两旁为参天的毛竹林，如相隔50m或100m就配植一棵高大的枫香，则沿径游赏时就会感到不单调，而有韵律感的变化。

另外，人工修剪的绿篱、花坛内植物图案的连续变化、乔木与灌木的有规律交叉等，都体现出植物的韵律美。

（5）层次和背景

层次分明是一个重要内容，同时能体现植物的主从变化，即产生远景、中景、近景的距离美和上层、中层、下层植物空间美。在植物颜色搭配方面也有所不同，达到既丰富多彩，又多样统一的完美效果。

4.1.2 色彩美原理

园林美和园林艺术之间是相辅相成、相互提高的。随着现代化社会文明程度的提高，人们对园林的欣赏水平也日益提高，要善于发现美、创造美，掌握植物色彩的奥妙和规律，配置最新、最美的图案，给人们布置更多更好的符合时代节奏的现代园林景观（表 4.1 所示为各种色彩所代表的情调表）。

表 4.1 各种色彩所代表的情调表

色 彩	情 调
红	非常温暖、非常强烈、非常华丽、锐利、沉重、有品格、愉快、扩大
橙	非常温暖、扩大、华丽、柔和、强烈
黄	温暖、扩大、轻巧、华丽、干燥、锐利、强烈、愉快
黄绿	柔和、湿润、软弱、扩大、轻巧、愉快
绿	湿润
蓝绿	凉爽、湿润、有品格、愉快
蓝	非常凉爽、湿润、锐利、坚固、收缩、沉重、有品格、愉快
蓝紫	凉爽、坚固、收缩、沉重
紫	迟钝、柔和、软弱

1. 植物色彩美与色叶树的应用

植物品类繁多，有木本、草本，木本中又有观花、观叶、观果、观枝干的各种乔木和灌木，草本中又有大量的花卉和草坪植物。一年四季呈现出各种奇丽的色彩和香味，表现出各种体形和线条。植物美最主要表现在植物的叶色上，绝大多数植物的叶片是绿色的，但植物叶片的绿色在色度上有深浅不同，在色调上也有明暗、偏色之异。这种色度和色调的不同随着一年四季的变化而不同。如垂柳初发叶时由黄绿逐渐变为淡绿，夏秋季为浓绿。春季银杏和乌桕的叶子为绿色，到了秋季则银杏叶为黄色，乌桕叶为红色。鸡爪槭叶子在春天先红后绿，到秋季又变成红色。这些色叶树木随季节的不同，变化复杂的色彩，人们掌握其生物学特性，运用其最佳色彩稳定规律，实现科学配植是完全可行的。

2. 植物色彩美的常用形式

园林植物色彩表现的形式一般以对比色、邻补色、协调色体现较多。对比色相配的景物能产生对比的艺术效果，给人强烈醒目的美感，而邻补色就较为缓和，给人以淡雅和谐的感觉。如安徽省芜湖市迎宾阁水面一角的荷叶塘，当夏季雨后天晴，绿色荷叶上雨水欲滴欲止，正值粉红色荷花相继怒放时，犹如一幅天然水墨画，给人一种自然可爱的含蓄色彩美。如九华山路分车带，以疏林草地式配置，以白色的护栏为背景，保留乔木银杏，满栽常绿色高羊茅草，夏季树木、草坪深深浅浅的绿色，虽无花朵，也感到清新宜人，和谐可爱。秋季银杏叶色变黄，秋风阵阵，黄叶凋落在绿色的草坪上，黄绿色彩的交相辉映，既壮观又协调，给人一种深刻的赏心悦目的美感。协调色一般以红、黄、蓝或橙、绿、紫二次色配合，均可获得良好的协调效果。这在园林中应用已经十分广泛。如芜湖市在公园花坛、绿地常用橙黄的金盏菊和紫色的羽衣甘蓝配置，远看色彩热烈鲜艳，近看色彩和谐统一。

3. 植物色彩美与色块配置

园林植物的色彩另一种表现形式就是园林色块的效果，色块的大小可以直接影响对比与协调，色块的集中与分散是最能表现色彩效果的手段，而色块的排列又决定了园林的形式美。如安徽省芜湖市人民路西段 1998 年拓宽后，用大叶女贞作行道树，分车带点栽杜英，再用金叶女贞和红花檵木作排列式色块配置，暗红色和淡绿色显得明快、简洁、协调。如北京路分车带、行道树为香樟，分车带点栽杜英，用红花檵木和小蜀柏交错排列，暗红色和浓绿色在白色的护栏背景下，体现出色彩的视觉美，真是美不胜收。又如新市口花坛采用红花檵木、小龙柏组成流线型模纹花坛，并配置满铺的高羊茅草，充分体现了现代化、大手笔的园林布景手法。这些景点成功的植物色彩配置就是科学巧妙地运用了色彩的颜色、色度、层次，给人们一种美的享受。

4. 园林植物的色彩配置原则

（1）色相配合原则

自然是所有颜色的最终来源，而植物的花、果、叶、枝、树皮则是植物色彩的源泉。一般来说，植物的树叶色彩是主要的、大面积效果的，但花色和果色是随不同的季节变化而变化的，常常作为点缀色彩。对于落叶植物，树枝、树干的色彩在冬季便成了重要因素。植物的叶色大多数为绿色，是一种柔和、舒适的色彩，能给人一种镇静、安宁、凉爽的感觉，对人体尤其是大脑皮层，会产生一种良好的刺激，可缓和人的紧张情绪。所以中国园林总以常绿树木为自然背景，然后点缀适量的观花植物，使其为“养性读书之所”。

植物的花、干、叶、果色彩十分丰富，在配置过程中，可运用单色表现、近色配合、对比色处理以及冷色与暖色的应用等不同的配置方式，实现园林景观的色彩构图。

1）单色表现：单色的植物单纯、简洁，也容易产生单调感，可通过明度及纯度的变化来丰富视觉感受。如：单色草坪与深绿色常绿针叶类植物等的搭配，可取得和谐的装饰效果（图 4.7）。

2）近色配合：选用两种、三种或四种的近似色（即在色轮上的邻近颜色）的植物搭配，一般主要用于花卉搭配，以花镜、花坛等的形式表现，由于色彩色相、明度和纯度相近，具有柔和高雅的气质。

3）对比色处理：对比色或互补色的植物组合，由于色相、明度等方面的较大差异，容易形成欢快、热烈的气氛，适用于环境空间开阔、视距较远的场合，能起到渲染气氛、引起注目的作用，但运用不当会产生艳俗的感觉。

图 4.7 植物的单色表现

4）冷色与暖色的应用：色彩的冷暖本身就是一种由比较而产生的感觉，冷色与暖色的对比，会加强色彩自身的倾向，使冷色更冷，暖色更暖。在运用时植物的色彩混合配置如图 4.8 所示，冷色植物中的暖色花会十分醒目，暖色花丛中的冷色亦然。但是运用不当会产生过于唐突、跳跃的效果。

图 4.8 冷色与暖色的应用

(2)季相变化原则

“月月有花，季季有景”是园林植物配置的季相原则，是指园林景观在一年的春、夏、秋、冬四季内，皆有植物景观可欣赏。

如杭州西湖风景区，非常成功地运用了这一原则，在其季相构图中，春有桃花、樱花、海棠等；夏有荷花、广玉兰、紫薇等；秋有桂花、木芙蓉、乌桕、红枫、芦荻等；冬有梅、松、柏等，做到了春花烂漫、夏荫浓郁、秋色绚烂、冬景苍翠。

再以扬州个园（图 4.9）为例，它以四季假山的布局和堆筑而闻名天下，为突出春、夏、秋、冬四季特色，植物配置是非常重要的一个环节。春景是以竹石开篇，刚竹遒劲孤傲，在竹子青翠、枝叶扶疏之间，几枝石笋破土而出，带来春的气息，结合花坛上的迎春、芍药、海棠等春季花卉，呈现一派春意盎然的景象。夏山旁的池内睡莲点点，“映日荷花别样红”，加上山顶上广玉兰、紫薇等高大乔木，浓荫如盖，广玉兰花白而丰盈，紫薇花色艳丽，创造出夏季宁静祥和的氛围。秋山以红枫等秋色树种和四季竹为主，体现出“秋风扫落叶”的景象。冬山种植斑竹和梅，“斑竹一枝千滴泪，竹晕斑斑点泪光”，凄惨悲凉之感油然而生。

图 4.9　扬州个园

4.2　植物景观设计的生态原理

4.2.1　温度与植物景观设计

温度是植物极重要的生命因子之一。根据一年中温度因子的变化，可分为四季：春、夏、秋、冬。地球表面温度变化很大。温度随海拔升高、纬度的北移而降低，随海拔的降低、纬度的南移而升高；一年四季有变化，一天昼夜有变化。

1. 温度与植物的生理活动

温度的变化直接影响着植物的光合作用、呼吸作用和蒸腾作用。每种植物的生长都有最低、最适、最高温度，称为温度三基点。低于最低或高于最高温度界限，都会引起植物生理活动的停止。

2. 温度与植物的生长发育

大多植物生长的环境温度适应范围在 4℃～36℃之间，但是因植物种类和发育阶段不同，对温度的要求差异很大。热带植物如椰子、橡胶、槟榔等要求日平均温度在 18℃以上才能开始生长；亚热带植物如柑橘、香樟、油桐、竹等在 15℃左右开始生长；暖温带植物如桃、紫叶李、槐等在 10℃，甚至不到 10℃就开始生长；温带树种紫杉、白桦、云杉在 5℃就开始生长。一般植物在 0℃～35℃的温度范围内生长，随温度上升生长加速，随温度降低生长减缓。

3. 植物的寒害和热害

低温会使植物遭受寒害和冻害。在低纬度地区，某些植物即便在温度不低于 0℃时，也能受害，称为寒害。寒害多发生在热带地区。高纬度地区的冬季或早春，当气温降到 0℃以下时，会导致一些植物受害，叫冻害。冻害的严重程度除了极端低温值外，还与降温速度和持续时间有关，也因植物抗性大小而异。在相同条件下降温速度愈快，植物受伤害愈严重，低温持续的时间愈长，受伤害的程度愈大。一般地说，热带干旱地区植物能忍受的最高极限温度为 50℃～60℃左右。原产北方高山的某些杜鹃，如长白山自然保护区白头山顶的牛皮杜鹃、苞叶杜鹃、毛毡杜鹃，都能在雪地里开花。

植物细胞的高温致死点大约在 50℃～60℃以上，且与高温持续时间有关。在自然条件下，50℃以上的气温较为鲜见，通常是因为伴有干化，使枝叶枯焦。薄皮树种的树皮对温度的调节能力较差，在强光照射下则会造成细胞死亡，发生“皮烧”现象。

4. 温度与开花的关系

植物只有在适宜的温度下才能生长发育。对某些植物来说，一定范围的低温有促进花芽分化的作用。例如紫罗兰只有通过 10℃以下的低温才能完成花芽的分化。花芽分化要求的温度与开花需要的温度往往是不一致的，原产热带或亚热带的植物开花所需的温度较高，如牵牛、茑萝、鸡冠花、半支莲、凤仙花等要求温度在 10℃～16℃时开花最好。许多树木如得不到它所需要的温度，就不能开花结实。有人将塔杨栽培在福州，由于月平均气温为 11℃，温度太高得不到它发育所需的低温，故不能开花。即便是已经形成了花原始体，如果不能满足它的低温要求，也不能开花。北方的许多树种花，其芽头要一年形成，倘若冬天不能满足它对一定低温的要求，翌年就不能开花。不同植物开花需要的低温值和持续的时间不同。起源于北方的植物需要的低温值比起源于南方的要低，而且持续时间也较长些。此外，温度对花色也有一定的影响，温度适宜时，花色艳丽，温度过高或过低花色则淡而不艳。

4.2.2 水分与植物景观设计

对植物而言，水不仅是重要的生态因子，也是植物不可缺少的物质。水是植物体主要的组成成分。植物的一切生化反应都需要水分参与，一旦水分供应间断或不足时，就会影响生长发育，持续时间太长还会使植物干死，这种现象在幼苗时期表现得更为严重。反之，如水分过多，会使土壤中的空气流通不畅，氧气缺乏，温度过低，从而降低了根系的呼吸能力，同样影响植物的生长发育，甚至使根系腐烂死亡。

根据植物对水分变化的适应能力可分为如下四类。

（1）旱生植物

在生长环境中只要有少量的水分就能满足生长发育的需要，甚至在空气和土壤长期干燥的情况下也能保持活动状态的植物，称为旱生植物。这类植物一般树干矮小，树冠稀疏，根系发达，吸收能力强，叶形小而厚，有的退化成针状，表层趋于有角质层或者生绒毛等特征。园林中常用的旱生植物有白皮松、落叶松、黑松、油松、龙柏、桧柏、侧柏、青桐、杜仲、泡桐、臭椿、合欢、白榆、栓皮栎、槲树、青杨、小叶杨、毛白杨、棕榈、郁李、油橄榄、构树、刺槐、紫薇、旱柳、杜梨、柚、梅、桃、李、杏、栗树、柿树、枣树、枫香、木麻黄、栾树、黄连木、拓树、白蜡树、腊梅、枇杷、紫穗槐、夹竹桃、栀子花、杜鹃、香水月季、玫瑰、十大功劳、榆叶梅、海棠花、金丝桃、金银花、龙舌兰、丝兰、凤尾兰、连翘、马桑、天门冬、百合、地肤、雁来红、石菖蒲、牵牛花等。

（2）湿生植物

湿生植物（图 4.10）要求土壤水分充足，适合在水湿地中生长，其抗涝性强，在短期内积水生长正常，有的即便根部伸延水中数月也不影响生长。其中还有少数植物长年生长在浅水中照样开花结实。这类植物根系不发达，抗旱能力极差，处于水体的港湾或热带潮湿荫蔽的森林里。园林中常用的湿生植物有池杉、水杉、落羽杉、墨西哥落羽杉、垂柳、旱柳、柽柳、水曲柳、龙爪柳、杞柳、银柳、臭椿、枫杨、枝江枫杨、青杨、木麻黄、木棉、木芙蓉、重阳木、乌桕、秋枫、白蜡、洋白蜡、栾树、朴树、梓树、胡颓子、紫穗槐、金银花、丝兰、凤尾兰、各种秋海棠、大海芋、观音座莲、水仙、香蒲草、灯心草、毛茛、虎耳草、普通早熟禾等。

(a)

(b)

图 4.10　湿生植物

（3）中生植物

介于旱生植物和湿生植物之间的称为中生植物。一般陆生植物多属此类。它们对水分变化的适应能力差异很大，如旱柳、乌桕、水杉等，虽以水淹仍可正常生长，而梧桐、桃、李、木瓜、雪松之类，经水淹就会死亡。

（4）水生植物

植物的全部或一部分，必须在水中才能生长的植物称为水生植物。

1）沉水植物：这类植物整个植株沉没在水中，如金鱼藻、黑藻等藻类植物。

2）浮水植物：这类植物的叶片浮于水面，可直接在水面上接受阳光，并通过叶面在水上进行气体交换，如荷花、浮萍、王莲、睡莲等。

3）挺水植物：此类植物扎根于水底，大部分茎叶则挺伸于水面之上，如芦苇、香蒲等。

在园林设计中应充分考虑上述植物的个性，随地形变化土壤中的含水量会不同，植物的配置应有所变化。另外，深根性植物配置时尽量不要群植(片植)，在诸多条件适宜时可考虑与浅性植物配置，做到相辅相成。

4.2.3 光照与植物景观设计

光是绿色植物进行光合作用不可缺少的能量源泉。只有在光照下，植物才能正常生长、开花和结实。植物依靠叶绿素吸收光能，利用光能进行物质生产，把二氧化碳和水加工成糖和淀粉，释放出氧气供植物生长发育，这就是光合作用，它是植物与光最本质的联系。光的强度、光质以及日照时间的长短都会影响植物的生长和发育。

1. 植物对光照强度的要求

在自然界的植物群落组成中，乔木层、灌木层、地被层所处的光照条件都不相同，长期适应的结果形成了植物对光的不同生态习性。根据植物对光照强度的要求，传统上将植物分成阳性植物、阴性植物和居于这二者之间的耐荫植物（见表 4.2）。

表 4.2 植物的耐阴程度

耐荫程度	常见的植物种类
喜阳植物（阳光充足条件下才能正常生长）	大多数松柏类植物、银杏、广玉兰、鹅掌楸、白玉兰、紫玉兰、朴树、毛白杨、合欢、牵牛花、结缕草等
耐阴植物（庇荫条件下才能正常生长）	罗汉松、花柏、云杉、冷杉、建柏、红豆杉、紫杉、山茶、栀子花、南天竹、海桐、珊瑚树、大叶黄杨、蚊母树、迎春、十大功劳、长春藤、玉簪、八仙花、麦冬等
中性植物	柏木、侧柏、柳杉、香樟、月桂、女贞、桂花、小叶女贞、白鹃梅、丁香、红叶李、夹竹桃、七叶树、石榴、麻叶绣球、垂丝海棠、樱花、葱兰、虎耳草等

1）阳性植物：只能在全光照或强光条件下正常生长发育，不耐庇荫，树冠下一般不能正常完成更新过程。自然植物群落中，它们常为上层乔木。

阳性植物包括大部分观花、观果类植物和少数观叶植物，如茉莉、扶桑、石榴、柑橘、月季、棕榈、橡皮树、银杏、紫薇、橡树、椰子、杨、柳、桦、槐、油松、白皮树、黑松、金钱松、赤松、垂枝柳、池杉、龙柏、桧柏、西藏柏、铅笔柏、侧柏、柏木、毛白杨、银白杨、胡杨、加杨、槐树、刺槐、垂柳、旱柳、柽柳、白榆、榔榆、红果榆、樟树、朴树、楸树、拓树、柞木、泡桐、青桐、悬铃木、枫杨、光皮树、广玉兰、白玉兰、紫玉兰、鹅掌楸、厚朴、杜仲、黄连木、重阳木、樟叶槭、女贞、丁香、合欢、皂荚、连翘、黄檀、石榴、梅花、樱花、杏花、木瓜、葡萄、桂花、紫藤、银桦、蒲葵、珍珠梅、黄杨、枸杞、月季、火棘、爬行卫矛等及许多一二年生植物。阳性植物多数长期生长在阳光充足的地方。由于光照强度大，本身蒸腾强度大，土壤水分蒸发量也大。一般根系庞大且深，适应性也强，是园林建设的基础和骨干。

2）阴性植物：适于在庇荫或较弱光照条件下生长发育，而不耐强光，或基本上不会在强光下出现。在自然植物群落中，它们处于中、下层，或生长在潮湿背阴处。

阴性植物主要是一些观叶植物和少数观花植物，如兰花、文竹、玉簪、八仙花、一叶兰、万年青、藤类、蚊母、海桐、珊瑚树、红豆杉、粗榧、香榧、铁杉、可可、咖啡、肉桂、萝芙木、珠兰、茶、柃木、紫金牛、中华常春藤、地锦、三七、草果、人参、黄连、宽叶麦冬及吉祥草等。

3）耐阴植物：一般需光度在阳性植物和阴性植物之间，对光的适应幅度较大，在全日照条件下生长良好，也能忍受庇荫的环境。大多数植物属于此类，如罗汉松、竹柏、山楂、椴、栾、君迁子、桔梗、白芨、棣棠、珍珠梅、虎刺及蝴蝶花等。

植物的耐阴性是相对的，不是固定不变的。它的喜光程度与纬度、气候、年龄、土壤等条件有密切关系。在低纬度的湿润、温热气候条件下，同一种植物要比在高纬度较冷气候条件下耐阴。在山区，随着海拔高度的增加植物喜光程度也相应增加。

2. 植物对光照时间的要求

光照时间的长短对园林植物花芽分化和开花具有显著的影响。有些植物需要在白昼较短、黑夜较长的季节开花，另一些植物则需要在白昼较长、黑夜较短的季节开花。植物开花对不同昼夜长短的周期性适应，叫做光周期现象。根据园林植物对光照时间的要求的不同，可分为三类。

1）长日照植物：生长过程中，有一段时间需要每天有较长日照时数，或者说夜长必须短于某一时数，即每天光照时数需要超过 12～14 小时以上才能形成花芽，而且日照时数越长开花越早。否则，将保持营养状况，不开花结实。唐菖蒲是典型的长日照植物，为了终年使唐菖蒲开花，冬季在温室栽培时，除需要高温外，还要用电灯来增加光照时间。通常以春末和夏季为自然花期的观赏植物是长日照植物，如采取措施延长日照时间，可以促使其提前开花。

2）短日照植物：生长过程有一段时间要求白天短、黑夜长，即每天的光照时数应少于 12 小时，但需多于 8 小时，这样才能有利于花芽的形成和开花。一品红和菊花是典型的短日照植物，它们在夏季长日照的环境下只进行营养生长，而不开花；入秋以后，当日照时间减少到 10～11 小时，才开始进行花芽分化。多数早春或深秋开花的植物属于短日照植物，若采取措施缩短日照时数，则可促使它们提前开花。

3）中日照植物：中日照植物对日照时间不敏感，只要发育成熟，温度适合，一年四季都能开花，如月季、扶桑、天竺葵、美人蕉等。

植物的开花对光照时间的要求是其在分布区内长期适应一定光周期变化的结果。短日照植物都是起源于低纬度的南方，长日照植物则起源于高纬度的北方。一般短日照植物由南方引种到北方，由于北方日照时数较长，常出现营养生长延长，易遭受冻害；而长日照植物由北方向南方引种，虽也能正常生长，但发育期延长，有的甚至不能开花结实。因此，在植物配植时应注意植物生长发育对光周期的需求。

4.2.4 空气与植物景观设计

空气中的氧气是植物呼吸作用必需的气体，二氧化碳是绿色植物光合作用必需的原料。没有空气，植物的呼吸和光合作用就无法进行，同样会死亡。相反，空气中有害物质含量增多时将对植物产生危害作用。在厂矿企业集中的城镇附近，空气中含有烟尘和有害气体，污染大气和土壤。以二氧化硫为例，各种植物对二氧化硫的抗性是不同的，当其含量极低时，硫是可以被植物吸收同化的，但当浓度达到百万分之二时就能使针叶树受害，达到百万分之十时，一般阔叶树叶子会变黄并脱落。因此，在污染地区进行绿化时就必须选用抗性强、净化能力大的植物。

1. 风对植物的生态作用及景观效果

空气中二氧化碳和氧都是植物光合作用的主要原料和物质条件。这两种气体的浓度直接影响植物的健康生长与开花状况。树木有机体主要组成中氮，碳占 45%、氧 42%、氢 6.5%、氮 1.5%、其他 5%，其中碳、氧都来自二氧化碳，可以大大提高植物光合作用效率。因此在植物的养护栽培中有的就应用了二氧化碳发生器等。

空气中还常含有植物分泌的挥发性物质，其中有些能影响其他植物的生长。如铃兰花朵的芳香能使丁香萎蔫。洋艾分泌物能抑制圆叶当归、石竹、大丽菊、亚麻等生长。还有的具有杀菌驱虫作用。

风是空气流动形成的，对植物有利的生态作用表现在帮助授粉和传播种子。兰科和杜鹃花科的种子细小，重量不超过 0.002mg。杨柳科、菊科、萝摩科 、铁线莲属、柳叶菜属植物有的种子带毛。榆、槭属、白蜡属、枫杨、松属某些植物的种子或果实带翅。以上几种都借助于风来传播。此外，银杏、松、云杉等的花粉也都靠风传播。

风有害的生态作用表现在台风、海潮风、冬春的旱风、高山强劲的大风等。沿海城市树木常受台风危害，如厦门台风过后，冠大阴浓的榕树可被连根拔起；大叶桉主干折断；凤凰木小枝纷纷被吹断，盆架树由于大枝分层轮生，风可穿过，只折断小枝；只有椰子树和木麻黄最为抗风。四川渡口、金沙江的深谷、云南河口等地，有极其干热的焚风，焚风一过植物纷纷落叶，有的甚至死亡。海潮风常把海中的盐分带到植物体上，如抗不住高浓度的盐分，就要死亡。青岛海边口红楠、山茶、黑松、大叶黄杨的抗性就很强。北京早春的干风是植物枝梢干枯的主要原因。由于土壤温度还没提高，根部没恢复吸收机能，在干旱的春风下，枝梢失水而枯。强劲的大风常在高山、海边、草原上遇到，由于大风经常性地吹袭，使直立乔木的迎风面的芽和枝条干枯、侵蚀、折断，只保留背风面的树冠，如一面大旗，故形成旗形树冠的景观。在高山风景点上，犹如迎送游客。

有些吹不死的迎风面枝条，常被吹弯曲到背风面生长，有时主干也常年被吹成沿风向平行生长，形成扁化现象。为了适应多风、大风的高山生态环境，很多植物生长低矮、贴地，株形变成与风摩擦力最小的流线型，成为垫状植物。

2. 大气污染对植物的影响

随着工业的发展，工厂排放的有毒气体无论在种类和数量上都愈来愈多，对人民健康和植物都带来了严重的影响。美国的工厂在 1970 年向大气排放的有害气体和粉尘就达 2.64 亿吨，平均每人 1 吨。我国许多城市，虽无详细的统计资料，但“三废”同样相当可观。尤其是油漆厂、染化厂等有机化工厂中一些苯酚、醚化合物的排放物，对植物和人体的影响巨大。

（1）植物受害症状

1）二氧化硫：进入叶片气孔后，遇水变成亚硫酸，进一步形成亚硫酸盐。当二氧化硫浓度高过植物自行解毒能力时（即转成毒性较小的硫酸盐的能力），积累起来的亚硫酸盐可使海绵细胞和栅栏细胞产生质壁分离，然后收缩或崩溃，叶绿素分解。在叶脉间，或叶脉与叶缘之间出现点状或块状伤斑，产生失绿漂白或褪色变黄的条斑。但叶脉一般保持绿色不受伤害。受害严重时，叶片萎蔫下垂或卷缩，经日晒失水，干枯或脱落。

2）氟化氢：进入叶片后，常在叶片前端和边缘积累，到足够浓度时，使叶肉中细胞产生质壁分离而死亡。故氟化氢所引起的伤斑多半集中在叶片的前端和边缘，成环带状分布，然后逐渐向内发展。严重时叶片枯焦脱落。

3）氯气：对叶肉细胞有很强的杀伤力，很快破坏叶绿素，产生褪色伤斑，严重时全叶漂白脱落。其伤斑与健康组织之间没有明显界限。

4）光化学烟雾：使叶片下表皮细胞及叶肉中海绵细胞发生质壁分离，并破坏其叶绿素，从而使叶片背面变成银白色、棕色、方铜色或玻璃状，叶片正面会出现一道横贯全叶的坏死带。受害严重时会使整片叶变色，很少发生点、块状伤斑。

（2）植物受害结果

由于有毒气体破坏了叶片组织，降低了光合作用，直接影响了植物的生长发育，表现在生长量降低、早落叶、延迟开花结实或不开花结果、果实变小、产量降低、树体早衰等。

4.2.5 土壤与植物景观设计

植物生长离不开土壤，土壤是植物生长的基质。土壤对植物最明显的作用之一就是提供植物根系生长的场所。没有土壤，植物就不能站立，更谈不上生长发育。根系在土壤中生长，土壤提供植物需要的水分、养分。

1. 岩石与植物景观

不同的岩石风化后形成不同性质的土壤，不同性质的土壤上有不同的植被，具有不同的植物景观。岩石风化物对土壤性状的影响，主要表现在物理、化学性质上，如土壤厚度、质地、结构、水分、空气、湿度、养分等状况，以及酸碱度等。如石灰岩主要由碳酸钙组成，属钙质岩类风化物，风化过程中，碳酸钙可受酸性水溶解，大量随水流失，土壤中缺乏磷和钾，多具石灰质，呈中性或碱性反应，土壤粘实，易干。不宜针叶树生长，宜喜钙耐旱植物生长，上层乔木则以落叶树占优势。如杭州龙井寺附近及烟霞洞多属石灰岩，乔木树种有珊瑚朴、大叶榉、榔榆、杭州榆、黄连木，灌木中有石灰岩指示植物南天竺和白瑞香。植物景观常以秋景为佳，秋色叶绚丽夺目。砂岩属硅质岩类风化物，其组成中含大量石英，坚硬，难风化，多构成陡峭的山脊、山坡。在湿润条件下，形成酸性土。砂质，营养元素贫乏。流纹岩也难风化，在干旱条件下，多石砾或沙砾质，在温暖湿润条件下呈酸性或强酸性，形成红色粘士或沙质粘土。杭州云栖及黄龙洞就是分别为砂岩和流纹岩，植被组成中以常绿树种较多，如青冈栎、米槠、苦槠、浙江楠、紫楠、绵槠、香樟等。

2. 土壤物理性质对植物的影响

土壤物理性质主要指土壤的机械组成。理想的土壤是“疏松，有机质丰富，保水、保肥力强，有团粒结构的壤土”。团粒结构内的毛细管孔隙＜0.1mm，有利于贮存大量水、肥；而团粒结构间毛细管孔隙＞0.1mm，有利于通气、排水。植物在理想的土壤上生长得健壮长寿。

城市土壤的物理性质具有极大的特殊性。很多为建筑土壤，含有大量砖瓦与碴土，如其含量在30%时，有利于在城市践踏剧烈条件下的通气，使根系能生长良好，如高于30%，则保水不好，不利根系生长。城市内由于人流量大，人踩车压，增加了土壤密度，降低了土壤透水和保水能力，使自然降水大部分变成地面径流损失或被蒸发掉，不能渗透至土壤中去，造成缺水。土壤被踩踏紧密后，造成土壤内孔隙度降低，土壤通气不良，抑制植物根系的伸长生长，使根系上移。人踩车压还增加了土壤硬度。一般人流影响土壤深度为3～10cm，土壤硬度为14～18kg/cm^2；车辆影响到深度30～35cm，土壤硬度为10～70kg/cm^2；机械反复碾压的建筑区，深度可达1m以上。经调查，油松、白皮松、银杏、元宝枫在土壤硬度1～5kg/cm^{2}时，根系多；5～8kg/cm^{2}时较多；15kg / cm^{2}时根系少量；大于15kg / cm^{2}时，没根系。0.9～8kg / cm^{2}时，根系多；8～12kg / cm^{2}时，根系较多；12～22kg/cm^{2}时，根系较少；大于22kg / cm^{2}时，没根系，因为根系无法穿透，毛根死亡，菌根减少。

城内一些地面用水泥、沥青铺装，封闭性大，留出的树池很小，也造成土壤透气性差，硬度大。大部分裸露地面由于过度踩踏，地被植物长不起来，提高了土壤温度。如天坛公园夏季裸地土表温度最高可达58℃；地下5cm处高达39.5℃；地下30cm以上，影响根系生长。

3. 土壤不同酸碱度的植物生态类型

据我国土壤酸碱性情况，可把土壤碱度分成5级：pH＜5为强酸性；pH5～6.5为酸性；pH6.5～7.5为中性；pH7.5～8.5为碱性；pH＞8.5为强碱性。

酸性土壤植物在碱性土或钙质土上不能生长或生长不良。它们分布在高温多雨地区，土壤中的盐质如钾、钠、钙、镁被淋溶，而铝的浓度增加，土壤呈酸性。另外，在高海拔地区，由于气候冷凉，潮湿，在针叶树为主的森林区，土壤中形成富里酸，含灰分较少，因此土壤也呈酸性。这类植物如柑橘类、茶、山茶、白兰、含笑、珠兰、茉莉、构骨、八仙花、肉桂、高山杜鹃等。

土壤中含有碳酸钠、碳酸氢钠时，则 pH 可达 8.5 以上，称为碱性土。如土壤中所含盐类为氯化钠、硫酸钠，则呈中性。能在盐碱土上生长的植物叫耐盐碱土植物，如新疆杨、合欢、文冠果、黄栌木槿、柽柳油橄榄、木麻黄等。

土壤是植物生命活动的场所，大部分园林植物需要中性土壤。根据园林植物对 pH 的适应度可分为以下几种。

1）酸性土植物：在土壤 pH 值 6.5 以下的酸性土壤上生长最好的植物，称为酸性土植物。这类植物在中性土壤上尚可正常生长，但在碱性土壤上就很难生存。一般原生于降雨量大于蒸发量、且雨量分布均匀地区的植物，多为酸性土植物。我国长江及长江以南地区，北方 2500m 以上海拔的高山地区，其自然分布的植物，也大都为酸性土植物。常见的酸性土植物有杜鹃花科、山茶科的大多数植物，茉莉花、栀子花、瑞香、台湾杉、印度橡皮树、龙眼、荔枝、柑橘类、兰科植物、报春花属、樟科植物、龙胆类、白兰花、杜英、桂花、花楸、金鸡纳、咖啡、金丝桃、木以及多数棕榈科植物，对 pH 值超过 7.5 的土壤都很敏感，在设计、栽培及养护时都应特别关注。

2）碱性土植物：在土壤 pH 值 7.5 以上的碱性土上生长良好的植物，称为碱性土植物。由于土壤碱性高，而使土壤水分无机盐浓度大，所以一般植物根部吸收困难，其渗透压也难以将其输送到枝叶中去；同时土壤中的某些矿物质也难以为植物利用，土壤微生物很少生存。这种状态只有耐碱植物能够适应；但若土壤 pH 值超过 8.5，植物就很难生长了。常见的耐碱植物有柽柳、沙枣、沙棘、盐肤木、火炬树、乌桕、苦楝、罗布麻、补血草、骆驼刺、骆驼蓬、地肤、白刺、黑沙篙、枸杞、蔓荆、碱蓬、甘草、黄花、紫穗槐、杜梨、榆、椿、槐、合欢、灰菜、野苑、苦菜、白蜡、洋白蜡、美国白蜡、葡萄、向日葵、棉花、芦苇、胡杨、红花、红花箩、枣树、侧柏、木麻黄等。它们是碱地绿化及治理碱滩荒地的先锋植物材料。

3）中性土植物：在中性土壤上生长最佳的植物。土壤 pH 值在 6.5～7.5 之间，绝大多数的园林植物属于此类。

思考与练习

1．在植物配置与造景中，如何做到适地适树？

2．简述植物配置与造景的原理？

3．什么是温度的三基点？

4．如何利用温度与植物的关系进行植物配置与造景？

5．植物景观的软质设计有哪些内容？谈谈你对各部分内容的认识和理解。

第5章

植物景观设计的原则与实施

学习目标：植物是园林工程建设中最重要的材料。植物配置的优劣直接影响到园林工程的质量及园林功能的发挥。园林植物配置不仅要遵循科学性，而且要讲究艺术性，力求科学合理的配置，创造出优美的景观效果，从而使生态、经济、社会三者效益并举。园林作为自然科学的组成部分，本身又是一项创造环境、改造环境的工作。园林植物配置要遵循植物生长的自身规律及对环境条件的要求，因地制宜、合理科学配置，使各类植物喜阳耐阴，喜湿耐旱，各重其所。乔木、灌木、地被、攀援、岩生、水生，以及常绿、落叶、草本等植物共生共存。简而言之，就是人们常说的“师法自然”。

5.1 植物景观设计的基本原则

植物景观设计需要遵循以下几个原则。

5.1.1 以人为本的原则

植物景观设计的主体是人，任何植物景观都是为人而设计的。植物景观物质空间形态的完成并不是环境设计的目的，它最终要为人的生活服务，体现出“以人为本”的原则。这个“人”并不只是生理学意义上的人，而是社会的人，有思想和有感情的人，是需求层次丰富的人，是处在特定文化环境中的人。因此，“以人为本”的原则应是物质和精神两方面的（图 5.1）。

图 5.1 环境中人的重要性

5.1.2 生态性的原则

生态环境作为人们生活的自然环境，为人类生存和发展提供了一种背景。植物景观设计的生态性原则，就是将人工环境和自然环境有机结合，满足人类回归自然的精神渴求，同时，促进自然环境系统的平衡发展，因地制宜地进行植物景观规划和建设。

5.1.3 整体性的原则

从设计的行为特征来看，植物景观设计是一种强调整体效果的艺术。植物景观环境是由各种要素组成的，包括建筑、地面材料、色彩、景观小品等，只有通过对这些要素的有机整合，才能创造一种统一而完美的整体效果。没有对整体性效果的控制与把握，再美的形体或形式都只能是一些支离破碎或自相矛盾的局部。

5.1.4 科技性的原则

植物景观设计是一门技术性的科学，空间组织的实现必须依赖技术手段，包括材料、工艺、施工、设备、环保技术等，同时还要运用光学、声学、生态学等学科领域的知识，是对科学技术的综合运用。随着人们对景观欣赏要求的提高，各种高科技含量的新技术被应用到景观设计中，如智能化的声控技术、浇灌技术、数字技术等，使景观设计的科技内容得到不断的充实和更新。

5.1.5 艺术性的原则

完美的植物景观必须具备科学性与艺术性两方面的高度统一，既满足植物与环境在生态适应上的统一，又要通过艺术构图原理体现出植物个体及群体的形式美，以及人们欣赏时所产生的意境美。植物景观中艺术性的创造是极为细腻复杂的，需要巧妙地利用植物的形体、线条、色彩和质地进行构图（图 5.2），并通过植物的季相变化来创造瑰丽的景观，表现其独特的艺术魅力。

图 5.2 植物景观的艺术性

5.1.6 多元性的原则

植物景观设计中的多元性是指景观设计中将人文、历史、风情、地域、技术等多种元素与景观环境相融合的特征。如景观设计中，既可以是本土风情，也可以是异域风格；

既可以有现代风格，也可以有古典或田园风格。这种丰富的多元形态包含了更多的内涵和神韵：典雅与古朴、简约与细致、理性与感性。因此，只有多元化的景观环境才能使环境更丰富多彩，才能使人们有更多的选择和欣赏情趣。

5.2 植物景观设计原则

地球上多数自然群落不是由单一的植物区系所组成的，而是多种植物与其他生物的组合。符合自然规律和风貌的园林建设，必须重视生物多样性。园林植物配置注意乔、灌、草结合，植物群落可增加稳定性，也有利于珍稀植物的保存。植物配置高中低充分利用空间，叶面积指数增加，也能提高生态效益，有利于提高环境质量。

5.2.1 设计总则

园林植物配置应遵循美学原理，重视园林的景观功能。在遵循生态的基础上，根据美学要求，进行融合创造。不仅要讲求园林植物的现时景观，更要重视园林植物的季相变化及生长的景观效果，从而达到步移景异，时移景异，创造“胜于自然”的优美景观。具体到园林植物景观配置，应掌握以下几点。

（1）重视植物多样性

自然界植物千奇百态，丰富多彩，本身具有很好的观赏价值。

（2）布局合理，疏朗有致，单群结合

自然界植物并不都是群生的，也有孤生的。园林植物配置就有孤植、列植、片植、群植、混植多种方式。这样不仅欣赏孤植树的风姿，也可欣赏到群植树的华美。

（3）注意不同园林植物形态和色彩的合理搭配

园林植物的配置应根据地形地貌配植不同形态色彩的植物，而且相互之间不能造成视觉上的抵触，也不能与其他园林建筑及园林小品在视觉上相抵触。

（4）注意园林植物自身的文化性与周围环境相融合

如岁寒三友松、竹、梅在许多文人雅士私家园林中很得益。但松、柏则多栽于陵园中。总之，园林植物配置在遵循生态学原理为基础的同时，还应结合遵循美学原理。但应以先生态，后景观的原则，换句话，师法自然是前提，胜于自然是从属。

另外，园林植物配置还可以根据需要结合经济性、文化性、知识性等内容，扩大园林植物功能的内涵和外延，充分发挥其综合功能，服务于人类。

5.2.2 设计细则

园林绿化观赏效果和艺术水平的高低，在很大程度上取决于园林植物的选择和配置。如果不注意花色、花期、花叶、树型的搭配，随便栽上几株，就会显得杂乱无章，景观大为逊色。另一方面，园林花卉植物花色丰富，有的花卉品种在一年中仅一次特别有观赏价值，或者开花期，或者结果期。如银杏，仅在秋季叶子橙黄色时显得十分显眼；紫荆在春季不仅枝条而且连树干在叶芽开放前都为紫色花所覆盖，给人留下深刻的印象。还有的种类一年中产生多次观赏效果，如七叶树的春花和秋季的黄色树冠均富有观赏性；忍冬初夏开大量黄色花，秋季有橙红色果；还有实际上具有常年开花效果的云杉、桧柏等常绿针叶树。因此，应从不同园林植物特有的观赏性考虑园林植物配置，以便创造优美、长效的花卉风景。

配置植物时，总体上应注意以下几点。

（1）观花和观叶植物相结合

观赏花木中有一类叶色漂亮、多变的植物，如叶色紫红的红叶李、红枫，秋季变红叶的槭树类，变黄叶的银杏等均很漂亮，和观花植物组合可延长观赏期，同时这些观叶树也可作为主景放在显要位置上。就是常绿树种也有不同程度的观赏效果，如淡绿色的柳树、草坪，浅绿色的梧桐，深绿色的香樟，暗绿色的油松、云杉等，选择色度对比大的种类进行搭配效果更好。

（2）注意层次

分层配置、色彩搭配是拼花艺术的重要方式。不同的叶色、花色，不同高度的植物搭配，使色彩和层次更加丰富。如 1m 高的黄杨球、3m 高的红叶李、5m 高的桧柏和 10m 高的枫树进行配置，由低到高，4 层排列，构成绿、红、黄等多层树丛。不同花期的种类分层配置，可使观赏期延长。

（3）配置植物要有明显的季节性

避免单调、造作和雷同，形成春季繁花似锦，夏季绿树成荫，秋季叶色多变，冬季银装素裹，景观各异，近似自然风光，使游人感到大自然的生及其变化，有一种身临其境的感觉。按季节变化可选择的树种有早春开花的迎春、桃花、榆叶梅、连翘、丁香等；晚春开花的蔷薇、玫瑰、棣棠等；初夏开花的木槿、紫薇和各种草花等；秋天观叶的枫香、红枫、三角枫、银杏和观果的海棠、山里红等；冬季翠绿的油松、桧柏、龙柏等。总的配置效果应是三季有花、四季有绿，即所谓“春意早临花争艳，夏季浓苍翠不萧条”的设计原则。在林木配置中，常绿的比例占 1/4～1/3 较合适，枝叶茂密的比枝叶少的效果好，阔叶树比针叶树效果好，乔灌木搭配的比只种乔木或灌木的效果好，有草坪的比无草坪的效果好，多样种植物比纯林效果好。另外，也可选用一些药用植物、果树等有经济价值的植物来配置，使游人来到林木葱葱、花草繁茂的绿地或漫步在林阴道上，但觉满目青翠心旷神怡，流连忘返。

（4）草本花卉可弥补木本花木的不足

木绣球前可种植美人蕉，樱花树下配万寿菊和偃柏，可达到三季有花、四季常青的效果。园林植物配置应在色泽、花型、树冠形状和高度、植物寿命和生长等方面相互协调。同时，还应考虑到每个组合内部植物构成的比例，及这种结构本身与游览路线的关系。设计每个组合还应考虑周围裸露的地面、草坪、水池、地表等几个组合之间的关系。下面举例说明几组观赏植物的配置组合。

1）小檗和芍药：这个组合由矮生的小檗灌木和高度相近的芍药组成，淡绿色的小檗和暗绿色的三裂芍药形成一个协调的色调。这个组合总花期近两个月，夏季可欣赏芍药美丽的叶色，秋季欣赏小檗的红叶红果。本组合适用于开阔的绿地花坛。

2）芍药和绣线菊：该组合由高度 1～1.5m 的植物组成，由开花美丽和叶色美丽的植物相结合，很富有观赏性，总花期一个半月。秋季，它们的叶子均染上红色，令人喜爱。这个组合适合于做复杂植物配置结构中的低层植物群落。

3）丁香和绣线菊：绣线菊环绕较高的丁香灌木形成第二层花，其白花可作为一个成功的背景，突出丁香花色的观赏性，花期近一个月。该组合长期保持稳定，可在开阔地上构成独立的群落。

4）丁香品种组合：多个品种的丁香组合，总花期可达一个半月。可配置于林缘或建筑物墙旁，在开花期十分漂亮，在配置时灌丛间要留有空间。

5）绣线菊、报春花和雏菊：欣赏花期从春到夏长达 3 个月，可使用于林缘的饰边群体。

6）月季品种组合：该群体花期近半年以上，在草坪、旷地、道路交叉处群植物效果很好。

7）茶条槭、荚、忍冬、黄栌和卫矛：这是一组灌木组合，总花期一个多月。荚的红果一直可保持到深秋，黄栌形成美丽的紫玫瑰色圆锥花序，卫矛在秋季悬挂着果实，茶务槭在深秋红叶艳丽，构成了一个美丽的景观。可在景区中列种或与高干乔木保持不太大的种植距离。

8）云杉和桧柏：这是常绿针叶植物的组合。云杉环绕桧柏种植，适用于公园正门和平坦场地的装饰，形成灰绿与墨绿的单色调。

9）云杉和月季：云杉深灰色的叶子和月季的红花组成十分鲜艳的对比色调。

5.3 植物景观的树种选择

选择合理的植物，是绿地景观营构成功与否的关键，也是形成城市绿地风格（图 5.3）、创造不同意境的主要因素。城市生态环境是一个综合的多元的动态因素，它与城市的地理位置、城市结构相联系；城市土壤构成因素复杂，已改变了其自然性能；城市建筑密集，高层建筑增多，光照、水分状况复杂，热岛效应又十分突出。因此，在绿地景观营构时，不仅要注意植物的自然生态特性，更要考虑城市的特殊生态条件，才能保证植物生长健壮，达到预期的景观效果。

图 5.3 城市绿地风格

植物的生物学特征是绿地景观营构的重要内容，关键的是要将组合景观植物的形态、质感及颜色，与人的视觉感相协调统一。一般地说，在营造群体景观时，应注意树形（如圆形、圆柱形、垂枝形、尖塔形、卵形等）的对比与调和，以及轮廓线、天际线的变化；植物枝、干、叶、花、果等可感知的性状，如枝干的光滑与粗糙，叶片的单叶与复叶等都应充分考虑。色泽是最有灵性的审美客体，不同植物的枝叶花果色泽变化很大，同一种植物随气候异色，也存在差异。在绿地景观营构中，应十分注意植物各部分的颜色及其变幻，要与环境整体统一。

一般将植被分为乔木、灌木、花卉和藤木等。在我国，一般公共绿地常用树种有乌桕、海棠、丁香等，居住单位主要树种有水杉、侧柏、棕榈、槭树、梅花、玉兰、白玉兰、石榴、大叶黄杨、桂花、香樟、迎春、山茶等。防护林主要树种有水杉、榆树、女贞、白杨、柳树、香樟、悬铃木等。街边绿地和行道树物种有水杉、香樟、悬铃木、女贞、梧桐、银杏、广玉兰、桂花、雀舌黄杨等。行道树选种要注意，树种分叉点尽量要高，避免分叉太低影响交通，尽量不要采用果实较大会自行脱落的树种，以免砸伤行人。风景区常用树种一般以原有树种为主，也可集中培育一些观赏树种，例如竹类。在设计时，注意保持原有树种和树种多样性，必要时可以引进一些适生树种，并且要注意植物本身的特性，例如对土壤的适应程度、喜阴或喜阳等。

常见绿化树种参考资料如下。

（1）常绿针叶树

1）乔木类：雪松、黑松、龙柏、马尾松、桧柏。

2）灌木类：罗汉松、千头柏、翠柏，匍地柏、日本柳杉、五针松。

（2）落叶阔叶树（无灌木）

乔木类：水杉、金钱松。

（3）常绿阔叶树

1）乔木类：香樟、广玉兰、女贞、棕榈。

2）灌木类：珊瑚树、大叶黄杨、瓜子黄杨、雀舌黄杨、枸骨、橘树、石楠、海桐、桂花、夹竹桃、黄馨、迎春、洒金桃叶珊瑚、南天竹、六月雪、小叶女贞、八角金盘、栀子、山茶、金丝桃、杜鹃、丝兰（菠萝花、剑麻）、苏铁（铁树）、十大功劳。

（4）落叶阔叶树

1）乔木类：垂柳、直柳、枫杨、龙爪柳，乌桕、槐树、青桐、悬铃木（法国梧桐）、槐树（国槐）、欢、银杏、楝树（苦楝）、梓树。

2）灌木类：樱花、白玉兰、桃花、腊梅、紫薇、紫荆、槭树、青枫、红叶李、贴梗海棠、钟吊海棠、八仙花、麻叶绣球、金钟花（黄金条）、木芙蓉、木槿（槿树）、山麻杆（桂圆树）、石榴。

（5）竹类

慈孝竹、观音竹、佛肚竹、碧玉镶黄金、黄金、镶碧玉。

（6）藤本

紫藤、络实、地锦（爬山虎、爬墙虎）、常春藤。

（7）花卉

太阳花、长生菊、一串红、美人蕉、五色苋、甘蓝（球菜花）、菊花、兰花。

（8）草

天鹅绒草、结缕草、麦冬草、狗压根、高羊草、剪股颖。

在选择树木时需要考虑的问题如下。

（1）与树高相对应的树池尺寸（表 5.1）

树池篦是护盖树穴、避免人为踩踏、保持树穴通气的铁箅等构筑物。

表 5.1 与树高相对应的树池尺寸

树高	必要有效的标准树池尺寸	树池篦尺寸
3m 左右	直径 60cm 以上，深 50cm 左右	直径 750cm 左右
4～5m 左右	直径 80cm 以上，深 60cm 左右	直径 1200cm 左右
6m 左右	直径 120cm 以上，深 90cm 左右	直径 1500cm 左右
7m 左右	直径 150cm 以上，深 100cm 左右	直径 1800cm 左右
8～10m 左右	直径 180cm 以上，深 120cm 左右	直径 2000cm 左右

（2）植株自身的尺寸与规格（图 5.4）

树木的形状大致可以分为以下几种。

1）扁圆形：榆树、槐树、栎树类、侧柏等。

2）球形：七叶树、栗树、银杏、杜仲等。

3）长圆形：油松、刺槐、桧柏、海棠等。

4）圆锥形：云杉、雪松、侧柏、桧柏等。

5）倒卵形：旱柳、垂柳、桑树等。

6）伞形：合欢、油松（壮年之后）等。

7）卵圆形：苹果、核桃、白皮松、梧桐等。

8）圆柱形：钻天杨、新疆杨等。

9）半圆形：臭椿、馒头柳等。

10）不规则形：连翘、石榴等。

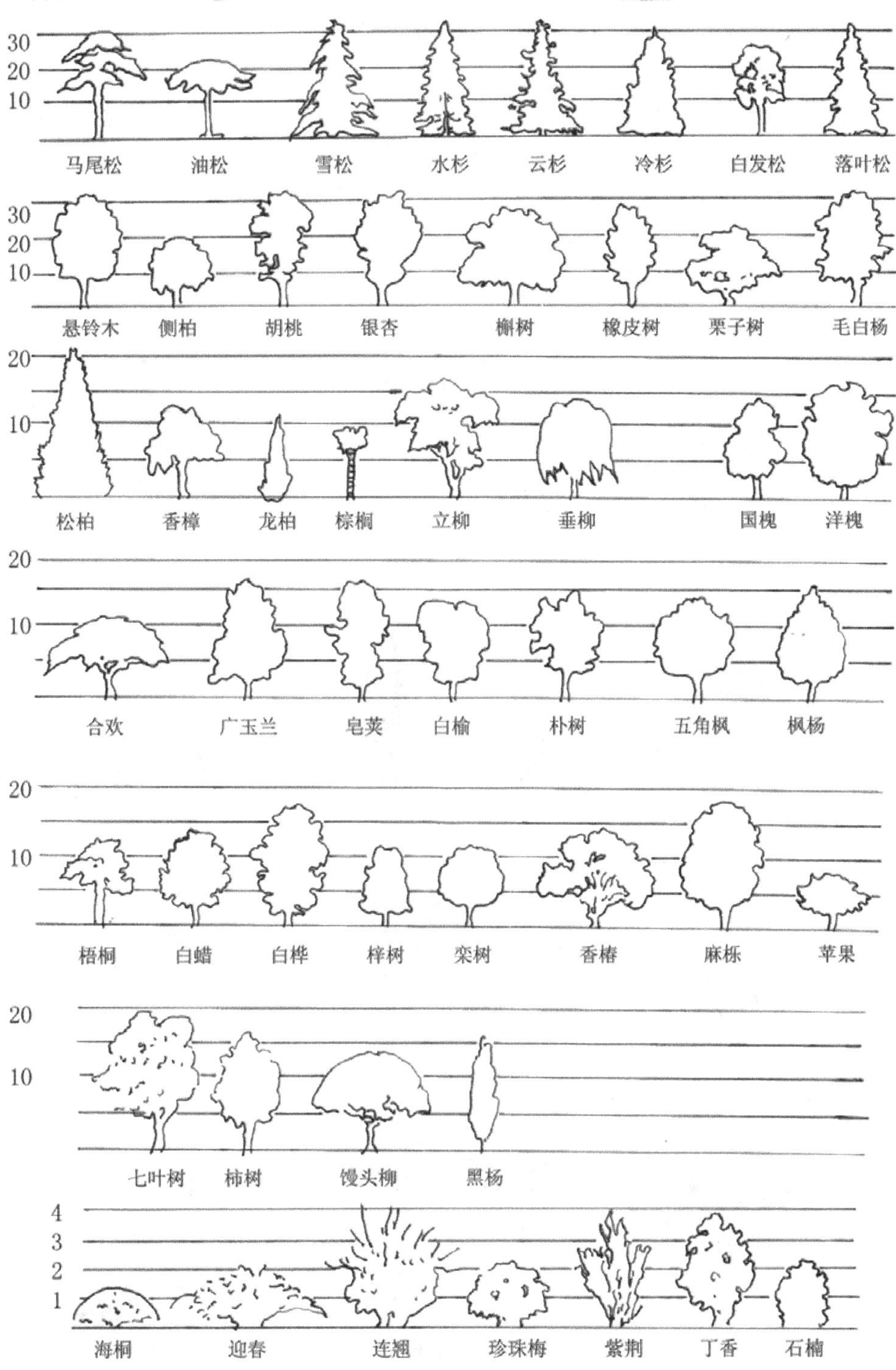

图 5.4 植物树冠形态示例（单位：m）

5.4 植物种植设计与施工

植物种植设计，主要指城市公园、广场、道路及公共环境的绿地等构成城市绿地系统的绿地，同时也包括各类企事业单位绿地及专业绿地等以人工栽植为主的设计。根据不同功能的用地性质设计包括乔木、灌木、草坪、花卉等的栽植设计，一方面要从植物生长特性、生态功能及其他技术方面来进行科学的配置；一方面还应从植物的个体形态（图 5.5），组群搭配及环境视觉美感角度考虑。

图 5.5 植物形成的景线

植物栽植设计应从总体的格局入手，根据局部环境与总体间的关系，采用不同的栽植形式，即自然式栽植与规则式栽植。一般在体现自然特色的公园、小型游憩绿地以及自然风景区，按道路的划分与功能组合的性质进行自然式栽植，疏密有致，聚散有序。而在整形广场，自然栽植形式应以片植、散植结合点植而成。规则式栽植多以对植、行植等形成阵列、整形几何状等为主，现代广场中格网式空间划分中的等距树池或行道树、整形绿篱等均为规则式栽植。

栽植设计还要考虑植物景色随季节变化的特性，进行互相配置，可突出不同色叶树种的色相，将植物本身的观形、赏色、闻香、听声效果综合，可充分发挥每种植物的不同特点（图 5.6）。

图 5.6　栽植设计

园林植物中的乔木树冠高大，寿命较长，主干明显，树冠占据空间大，有的枝型与干姿极富变化，树冠形成通透的荫蔽空间，除列植、群植外，还可作为独立栽植的孤立树，成为主景，组织空间，划分空间，可起到增加空间层次和屏障视线的作用；灌木树矮冠幅小，无主干呈丛生状，寿命较短，树冠占据空间不大，但正是人们可活动的空间范围，较乔木对人的活动影响要大。灌木枝叶浓密丰满，大多有鲜艳美丽的花朵与果实，在造景功能上可增加树木高低层次的变化，作为乔木的陪衬，可突出灌木的花、果、叶观赏效果；灌木也可组织与分割较大的空间，阻隔较低的视线。耐荫灌木和大、小乔木及地被植物中的花卉、草构成多层结构，小灌木如小叶黄杨等紧密栽植，多作为整形绿篱材料。花卉有着艳丽的色彩，成为花坛与花境的主角。攀缘植物是用作花架、花廊的最佳材料。水生植物在水中可点缀或片植，可丰富水面观景效果。

5.4.1 栽植规划设计要点

1）首先确认是否必须向有关部门进行栽植规划申报，以及申报内容。在《城市规划法》、《自然公园法》、《工厂选址法》、《森林法》、《绿化协定》、《环境评估条例》、《综合设计制度》的公共空地条例等法规中，就不同规模用地的绿化面积、植树量、树种、配植等问题皆作出了不同的规定，应依照有关法规设计规划。同时，由于需要一定的申报过程，因此在估算设计进度时，应考虑申报因素。

2）设计时，应对规划地区的自然环境状况进行调查后再确定树种。栽植的设计规划，要根据所规划地区的气象条件、海风影响、日照情况（也就是来自规划建筑、邻近建筑、围墙、现状树木的遮挡影响）、地下水位高度、高层风、土壤条件、大气污染状况等现状情况，选择适合当地条件的树种，挑选具有耐阴性和耐潮性的树木，并适当进行土壤改良、填土，以及配备排水设施。

3）栽植规划要考虑树木对周围环境和居民的影响。具有遮蔽作用的栽植规划，应将中木与落叶小高木配合种植以确保一定日照，同时考虑选择不易生毛虫的树种。

4）应确保一定的土壤厚度和栽植空间。栽植需要一个最基本的土壤空间，即树木泥球所需的树池深度与直径。同时，还需要一个略大于树木正常生长所需的空间。另外，在确保树池规模的同时，规划设计也要兼顾建筑、围墙等建筑物的地基和市政管线铺设的位置、规模、埋没深度等。

5）依据总体概预算和工程费用以及管理水平进行规划设计栽植。应预先使施工方明了，栽植应根据其在整个建设工程概算中的比重，以及它在园林工程预算中的比重而规划，以及依据工程费用条件和管理水平进行设计。

6）预先确定能否获得所规划的栽植树木。选配高大乔木和行道树树种，应尽可能在栽植施工前一年确定树源。

5.4.2 对现状树木的保存

应从建设成本和景观效果两方面去考虑现状树木的保留规划。

若对现状树木进行保留或移植，应根据建筑物的分布、施工路线、市政管线等情况作规划。通常，位于建筑外墙墙线以外2～3m内的树木难以保留。同时，应避免树根、树枝、树干对建筑物造成影响。

大树移植从再利用和环保角度出发，应提倡对现状树木进行移植再利用。树木移植要作切根处理。为保障树木的水分蒸发与吸收平衡，就必须对移植树木作剪枝。这时，树形大多缺乏美感。而且，移植期内，树木的成活率很低。若想避免树木枯死并尽量保持良好树形，关键在于对要移植的树木提前一年做仔细的切根。另外，因一定尺寸的树木新植与移植的费用相等，所以，应慎重对待移植规划。

1. 栽植树木的指定方法

1）树木名称。根据规划需要，选择适合的树种，并标注树木名称。

2）通常是指把以下 3 项指标作为标注树木形态、尺寸的基本参数，即树高（H）、胸径（C，地面上 1.2m 高处的树干周长）、树冠宽度（W，也叫做冠径）。而藤本植物还须指定长度。对分株的树木则不使用胸径，而改为指定分株数。标注时的常用单位一般为 m（图 5.7）。

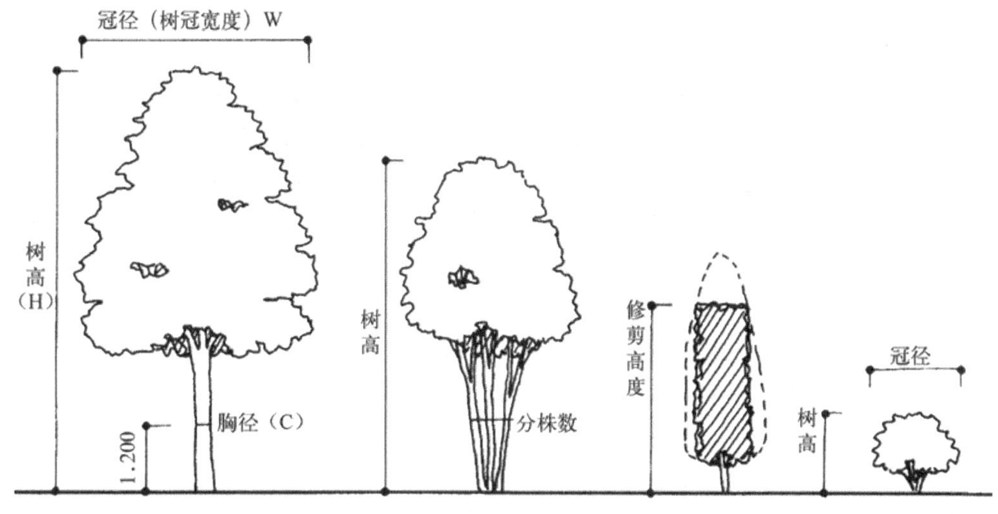

图 5.7 树木的尺寸参数

3）植篱的设计，除树高、冠径外，还要指定修剪高度和单位距离（m）上种植密度（株）。

4）密植桂花、山茶花等灌木或沿街草等地被植物，一般以单位面积（m^2）上的棵数为指标。如栽种成片生长的植物，则一般按片设计。

5）种植草坪，以片或带 2～3cm 空隙的 70%～80%留边草坪为基本单位。

2. 栽植密度与间隔

绿化植物的栽植间距见表 5.2。

表 5.2 绿化植物栽植间距

名　　称	不宜于小于（中～中）/m	不宜大于（中～中）/m
一行行道树	4.00	6.00
两行行道树（棋盘式栽植）	3.00	5.00
乔木群栽	2.00	/
乔木与灌木	0.50	/
灌木群栽（大灌木）	1.00	3.00
（中灌木）	0.75	0.50
（小灌木）	0.30	0.80

1）白栎、赤栎等混交林中，高大乔木栽植密度为 1 株/3～4m^2。通常，栽植树木的密度是由所栽树木的大小、位置所决定的。栽植间隔，考虑树木生长因素，一般以 3m 的等距间隔为准，如能设法避开成列配置，可形成自然美感。

2）如以苗木培育森林，应采用高密度 1～2 株/m^2 栽植，以备后期淘汰使用。在这一阶段极为关键的是在土壤中加入土壤改善材料、肥料来改善土壤。

3）灌木类密植，其栽植密度由冠径决定。

冠径为 30cm 者，栽植密度为 10～12 株/m^2；冠径 40cm 者，栽植密度为 8 株/m^2 左右；冠径 50cm 者，栽植密度为 5 株/m^2。至少，冠径 40cm 者，不得低于 5 株/m^2。

4）红花酢浆草等地被植物的栽植密度由所用花盆等的数量或植物的茂密程度决定。而且玉柳类成片栽壤的地被植物，也多按片栽植。草坪草的最小栽植密度为：早熟禾等为 49 株/m^2，矮竹类等为 25 株/m^2。

5）植篱与灌木相同，皆为冠径决定栽植密度。

一般高度 1.2～1.5m 的植篱，栽植密度为 3 株/m，高 2.0m 左右的栽植密度为 2～2.5 株/m。栽植植篱，如为单层高大植篱，可借助修剪植篱，调整高度，即可形成形态优美的植篱。

6）具有遮蔽功能的植栽，其栽植密度为：树高 3～4m 的青栲、栓皮栎、花柏等为 1 株/m，树高 5～6m 的青栲、雪松等约为 1 株/2m。

7）行道树的间隔一般为 6～8m。

8）建筑区内的行道树间隔，如定在 4～5m，可使步行者感觉树木浓密。若栽植大叶榉、朴树等树冠较大的树木，可适当拉开栽植间隔。栽种银杏、桂花、女贞等乔木时，又可适当缩小间距。另外，栽植海桐木一类不太高大的树木，其间隔可设定在 3～4m 左右。

5.4.3 栽植设计

栽植包括移植与定植。其方法是一样的，定植是种后不再移动，而移植则是在定植前的一种栽培措施，为植物改变种植距离，以适应其生长需要。

（1）移植

移植是为了扩大各类规格的苗株的株行距，使幼苗获得足够的营养、光照与空气，同时在移植时切断了幼苗的主根，可使苗株产生更多的侧根，形成发达的根系，有利其生长。

移植之前，播种的幼苗一般要间枝疏苗，除去过密、瘦弱或有病的小苗。也可将疏下来的幼苗，另行栽植。地栽苗在出现 4～5 片真叶时作第一次移植。盆播的幼苗，常在出现 1～2 片真叶时就开始移植。移植的株行距视苗的大小、苗的生长速度及移植后的留床期而定。助苗移植苗床的准备与播种苗床基本相同。移植时的土壤要干湿得当，一般要在土干时移植，但土壤过分干燥时，易使幼苗萎蔫，应在种植的前一天在畦头上浇水，待土粒吸水涨干后不粘手时移植。土湿时，不仅不便操作，且在种植后土壤板结，不利幼苗生长。移植时不要压土过紧，以免根部受伤，待浇水时土粒随水下沉，就可和根系密接。移植以无风阴天为好，如果天气晴朗、光强、炎热，宜在傍晚移植。移植前，要分清品种，避免混杂。挖苗时切断主根，不伤根须，尽可能带护根土移植。挖苗与种植要配合，随挖随种。如果风大，蒸发强烈，挖起幼苗要覆盖遮荫。移植穴要稍大，使根舒畅伸展。种植深度要与原种植深度一致，或再深 1～2cm。过浅易倒伏，过深则发育不好。种植后要立即充分浇水，并复浇一次，保证足量。天旱时，要边种边浇水。夏季移植初期要遮荫，以减低蒸发，避免萎蔫。

（2）定植

定植包括将移植后的大苗、盆栽苗、经过贮藏的球根以及宿根花卉、本本花卉，种植于不再移动的地方。定植前，要根据植物的需要，改良土壤结构，调整酸碱度，改良排水条件，一般植物都需要肥沃、疏松而排水良好的土壤。肥料可在整地时拌入或在挖穴后施入穴底。定植时所采用的株间距离，应根据花卉植株成年时的大小，或配植要求而定。挖苗，一般应带护根土，土壤太湿或太干都不宜挖苗，带土多少视根系大小而定。落叶树种在休眠期种植不必带土。常绿花木及移栽不易的种类一定要带完整的泥团，并要用草绳把泥团扎好。定植时要开穴，穴应比待种苗的根系或泥团较大较深，将苗茎基提近土面，扶正入穴。然后将穴周土壤铲入穴内约 2 / 3 时，抖动苗株使土粒和根系密接；然后在根系外围压紧土壤，最后用松土填平土穴使其与地面相平而略凹。种后立即浇水两次。草花苗种植后，次日要复浇水。球根花卉种植初期一般不需浇水，如果过于干旱，则应浇一次透水。大株的宿根花卉和本本花卉定植时要结合进行根部修剪，伤根、烂根和枯根都要剪去。大树苗定植后，还要设立支柱，或在三对角设置绳索牵引，防止倾倒。

思考与练习

1．如何选择借景对象和处理好木景建筑物与借景对象之间的关系呢？

2．试述园林植物配置与造景的美学原理。

3．如何利用“景观需求”原则，达到生态功能与造景功能的统一？

第 6 章

植物景观的造景设计

学习目标：绿化植物是景观设计中最基本的生态要素，植物装扮着城市景观。植物在环境中最能体现时间、生命和自然变化的要素，掌握与了解植物的生命特征，才能更好地运用植物材料，所以应按照植物生态学的原理，顺应植物的生态习性，使其在园林中更好地发挥作用。

6.1　植物的造景功能

植物在景观设计中是必不可少的因素之一，景观设计中植物的应用成功与否在于能否将植物的非视觉功能和视觉功能统一起来。植物的非视觉功能指植物改善气候、保护物种的功能，而其视觉功能是指植物在审美上的功能，是否能让人感到心旷神怡，通过其视觉功能可以装饰基地和构筑物，成为景观构图中不可分割的部分。

景观设计中植物的功能（图 6.1）总结为四大方面：建筑功能、工程功能、调节气候功能和美学功能。

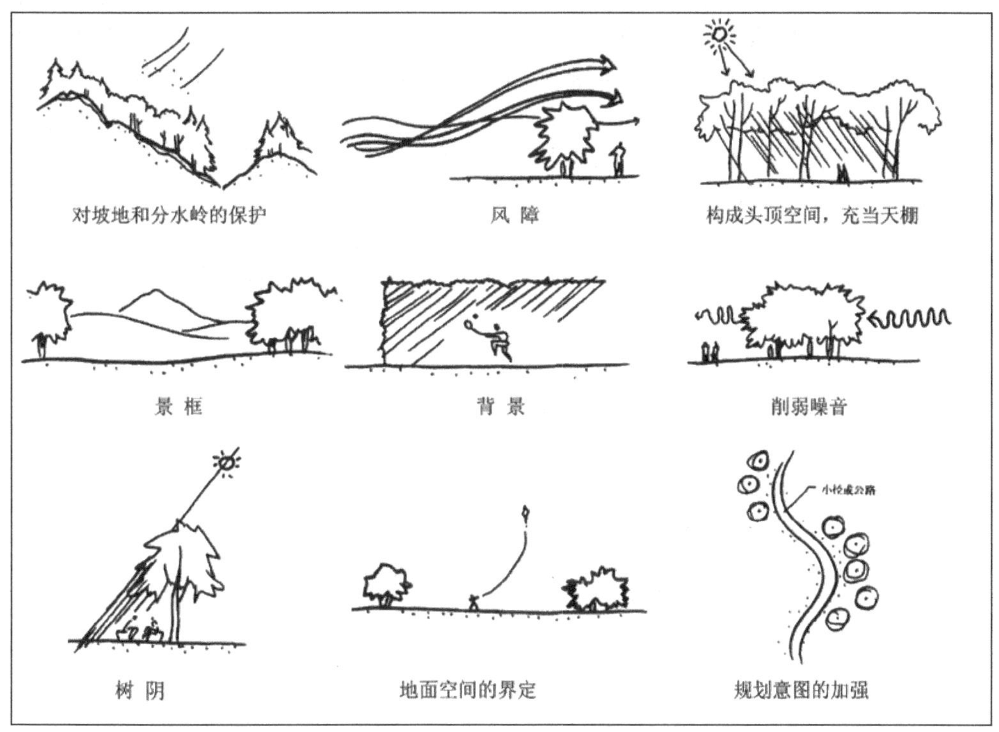

图 6.1　园林植物的功能

1）建筑功能：界定空间、遮景、提供私密性空间和创造系列景观等，这一类功能即空间造型功能。

2）工程功能：防止眩光、防止土壤流失、噪音及交通视线诱导。

3）调节气候功能：遮荫、防风、调节温度和影响雨水的汇流等。

4）美学功能：强调主景、框景及美化其他设计元素，使其作为景观焦点或背景。

6.1.1　常用的几种乔、灌、草不同的搭配栽植模式

1. 乔木

由树冠投影面积和林地总面积之比形成的乔木郁闭，是确定疏林与密林的指标，疏

林的郁闭度小于 40%，而密林的郁闭度则大于 80%以上，而疏林的草地的郁闭度指标常为 10%～20%，视野较开阔，具有一定活动范围。

2. 灌木＋草花＋草坪

这实际上就是灌木＋地被植物的形式，因无乔木遮荫，利于植物生长，但无乔木遮荫，不利人群活动与休憩。

3. 乔木＋灌木＋草花＋草

这是最佳的组合搭配，具有群落的稳定性，也可达到最大的叶面面积与三维绿量，层次丰富，如增加色叶树种，则可产生季相变化，有人提出这种搭配的最合理的比例为 1∶6∶21∶29。植物随季节变化的形态差异也使空间的划分随着时间推移而有所变化，形成多样的趣味。利用树木和植被可将空间进一步划分为以下几类：开放空间、半开放空间、开敞的水平空间、封闭的水平空间和垂直空间，如图 6.2 所示。在园林的构成要素中，建筑、山石、水体都是不可或缺的要素，然而，缺少了植物，园林就不可能从宏观上作整体性的空间配置。利用植物的各种天然特征，如色彩、形姿、大小、质地、季相变化等，本身就可以构成各种各样的自然空间，再根据园林中各种功能的需要，与小品、山石、地形等的结合，更能够创造出丰富多变的植物空间类型。

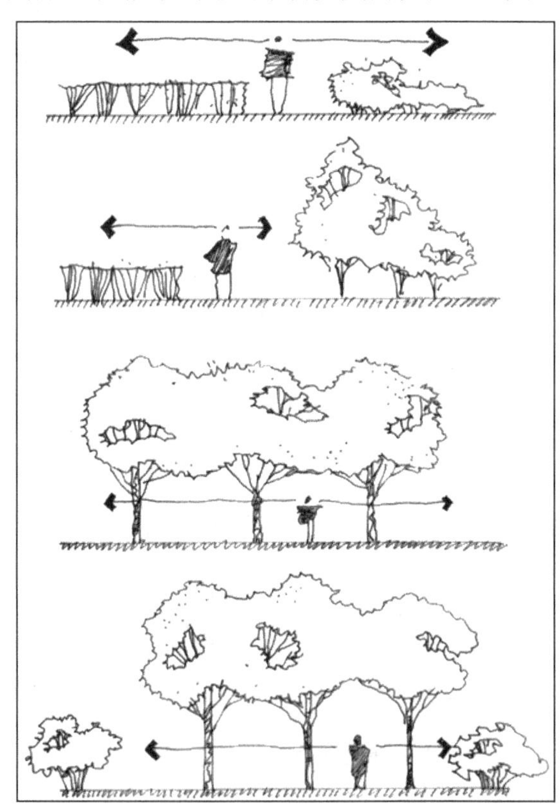

图 6.2　植物对空间的划分

这里，就从形式和功能两个角度出发并结合实例对园林植物构成的空间进行具体分类。从形式和功能上分为以下几种。

（1）开敞空间

园林植物形成的开敞空间是指在一定区域范围内，人的视线高于四周景物的植物空间，一般用低矮的灌木、地被植物、草本花卉、草坪可以形成开敞空间。在较大面积的开阔草坪上，除了低矮的植物以外，有几株高大乔木点植其中，并不阻碍人们的视线，也称得上开敞空间，但是，在庭园中，由于尺度较小，视距较短，四周的围墙和建筑高于视线，即使是疏林草地的配置形式也不能形成有效的开敞空间。开敞空间在开放式绿地、城市公园等园林类型中非常多见，像草坪、开阔水面等，视线通透，视野辽阔，容易让人心胸开阔，心情舒畅，产生轻松自由的满足感（图 6.3）。

图 6.3　空间比例与尺度

（2）半开敞空间

半开敞空间就是指在一定区域范围内，四周围不全开敞，而是有部分视角用植物阻挡了人的视线。根据功能和设计需要，开敞的区域有大有小。从一个开敞空间到封闭空间的过渡就是半开敞空间。它也可以借助地形、山石、小品等园林要素与植物配置共同完成。半开敞空间的封闭面能够抑制人们的视线，从而引导空间的方向，达到"障景"的效果。比如从公园的入口进入另一个区域，设计者常会采用先抑后扬的手法，在开敞的入口某一朝向用植物小品来阻挡人们的视线，使人们一眼难以穷尽，待人们绕过障景物，进入另一个区域就会豁然开朗，心情愉悦。

（3）覆盖空间

覆盖空间通常位于树冠下与地面之间，通过植物树干的分枝点高低，浓密的树冠来形成空间感。高大的常绿乔木是形成覆盖空间的良好材料，此类植物不仅分枝点较高，树冠庞大，而且具有很好的遮阴效果，树干占据的空间较小，所以无论是一棵几丛还是一群成片，都能够为人们提供较大的活动空间和遮荫休息的区域，此外，攀援植物利用花架、拱门、木廊等攀附在其上生长，也能够构成有效的覆盖空间。

（4）封闭空间

封闭空间是指人处于的区域范围内，四周围用植物材料封闭，这时人的视距缩短，视线受到制约，近景的感染力加强，景物历历在目容易产生亲切感和宁静感。小庭园的植物配置宜采用这种较封闭的空间造景手法，而在一般的绿地中，这样小尺度的空间私密性较强，适宜于年轻人私语或者人们独处和安静休憩。

（5）垂直空间

用植物封闭垂直面，开敞顶平面，就形成了垂直空间，分枝点较低、树冠紧凑的中小乔木形成的树列、修剪整齐的高树篱都可以构成垂直空间。由于垂直空间两侧几乎完全封闭，视线的上部和前方较开敞，极易产生"夹景"效果，来突出轴线顶端的景观，狭长的垂直空间可以引导游人的行走路线，对空间端部的景物也起到了障丑显美、加深空间感的作用。在纪念性园林中，园路两边常栽植松柏类植物，人在垂直的空间中走向目的地瞻仰纪念碑，就会产生庄严、肃穆的崇敬感。

（6）天时空间

这里所说的天时空间包括随季相而变化的空间和植物年际动态变化空间。一切物质存在的基本形式就是空间和时间，而时间通常被称为四维度空间。因此在植物的空间分类中，不可能离开时间这个概念，也就是说，它不可能离开年复一年的年际变化，也不可能离开春夏秋冬的季相变化。

植物随着时间的推移和季节的变化，自身经历了生长、发育、成熟的生命周期，表现出了发芽、展叶、开花、结果、落叶及由大到小的生理变化过程，形成了叶容、花貌、色彩、芳香、枝干、姿态等一系列色彩上和形象上的变化，并构成了"春花含笑"、"夏绿浓阴"、"秋叶硕果"、"冬枝傲雪"的四季景象变化。植物时序景观的变化极大地丰富了园林景观的空间构成，也为人们提供了各种各样可选择的空间类型。落叶树在春夏季节是一个覆盖的绿阴空间，秋冬季来临，就变成了一个半开敞空间，更开敞的空间满足了人们在树下活动、晒阳的需要。秋天的香山总有中外游客纷至沓来欣赏它的遍山红叶；"最爱湖东行不足，绿杨阴里白沙堤"是说春天在白堤的垂柳树下行走是怎么走也走不够的。每种植物或是植物的组合都有与之对应的季相特征，在一个季节或几个季节里它总是特别突出，熠熠生辉，为人们带来最美的空间感受。

6.1.2 植物造景

1. 利用园林植物表现时序景观

在园林设计中，植物不同于其他景观要素，它不仅起到"绿"的作用，更重要的是它随着时间的流逝、季节的更替而变化。比如，合欢的叶片夜合昼展，表现了昼夜的往复循环。再如，花果树木春花满枝，夏绿成阴；秋叶色彩缤纷，硕果累累；冬季寒林玉意，无不体现了四季的更替。这些正是植物所特有的作用，合理的植物配置设计能再现大自然的景观，这是其他园林景观要素无法比拟的。植物在一年四季的生长过程中，叶、花、果的形状和色彩随季节而变化。开花时，结果时或叶色转变时，具有较高的观赏价值。园林植物配置要充分利用植物季相特色。在不同的气候带，植物季相表现的时间不同。北京的春色季相比杭州来得迟，而秋色季相比杭州出现得早。即使在同一地区，气候的正常与否，也常影响季相出现的时间和色彩。低温和干旱会推迟草木萌芽和开花；红叶一般需日夜温差大时才能变红，如果霜期出现过早,则叶未变红而先落，不能产生美丽的秋色。土壤、养护管理等因素也影响季相的变化，因此季相变化可以人工控制。为了展览的需要，甚至可以对盆栽植物采用特殊处理来催延花期或使不同花期的植物同时开花。园林植物配置利用有较高观赏价值和鲜明特色的植物的季相，能给人以时令的启示，增强季节感，表现出园林景观中植物特有的艺术效果。如春季山花烂漫，夏季荷花映日，秋季硕果满园，冬季腊梅飘香等。要求园林具有四季景色是就一个地区或一个公园总的景观来说；在局部景区往往突出一季或两季特色，以采用单一种类或几种植物成片群植的方式为多。如杭州苏堤的桃、柳是春景，曲院风荷是夏景，满觉陇桂花是秋景，孤山踏雪赏梅是冬景。为了避免季相不明显时期的偏枯现象，可以用不同花期的树木混合配置、增加常绿树和草本花卉等方法来延长观赏期。如无锡梅园在梅花丛中混栽桂花，春季观梅，秋季赏桂，冬天还可看到桂叶常青。杭州花港观鱼中的牡丹园以牡丹为主，配置红枫、黄杨、紫薇、松树等，牡丹花谢后仍保持良好的景观效果。

2. 利用园林植物形成空间变化

在园林中，山、水或围墙等景观要素将园林分成不同的空间，还可以通过配置植物（乔、灌木、绿篱）对园林进行空间划分。园林植物种类繁多，每一种都有特定的外观形态，可以充分利用植物不同的组合表现出丰富的园林空间。由植物组成的空间与其他园林景观要素组成的空间相比，具有柔和、灵活多变的特点，既可以达到似隔非隔的效果，也可以达到隔绝视线的效果，并且还可以随时间的变化使空间的封闭程度发生变化。

空间是指由底平面、垂直面以及顶平面单独或者共同围合出的具有暗示性的“空”的部分。植物的叶丛疏密程度、分枝高度和树冠大小可以对空间的底平面、垂直面以及顶平面造成不同程度的围合，从而创造出不同效果的园林空间。下面分别从垂直面、顶面以及底平面 3 个方面说明如何运用植物的形态创造出不同性质的景观空间。

（1）垂直面

植物的叶丛疏密程度和分枝高度影响空间的竖向、垂直封闭程度。常绿树可形成常年稳定的闭合效果（图 6.4 和图 6.5）；落叶树则随着季节而变化，夏季可能使空间闭合，冬季则可能视线开敞（图 6.6）。

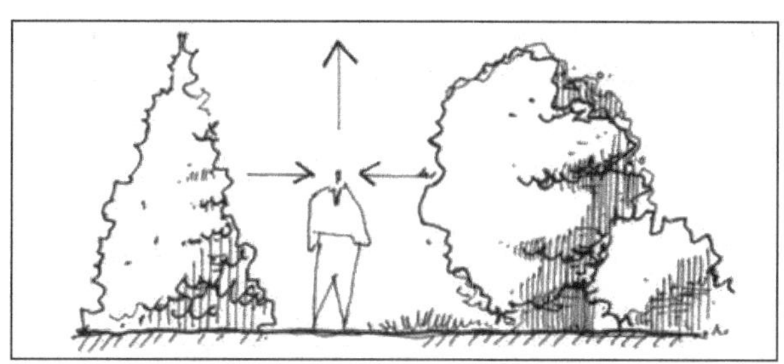

图 6.4　垂直面封闭，视线内向

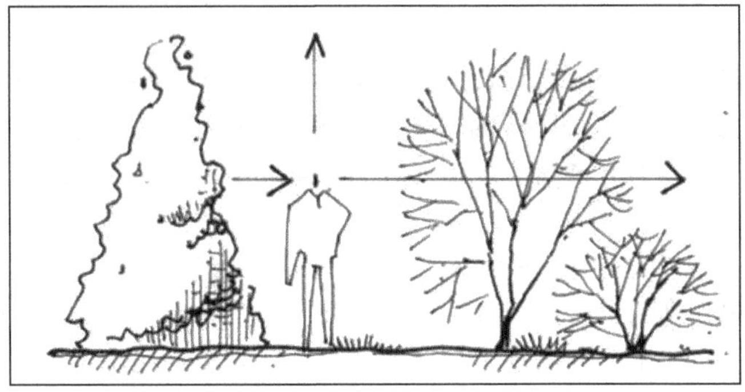

图 6.5 垂直面一面封闭，一面视线透出

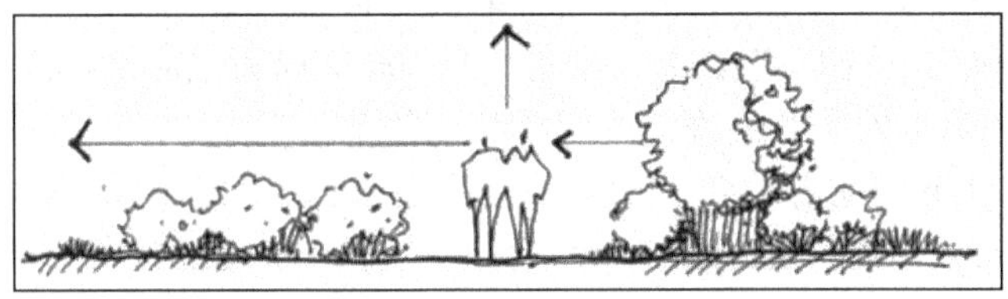

图 6.6 垂直面一面封闭，一面视线开敞

另外还可以运用高大植物组合成方向直立、朝天开敞的室外空间（多用柱形、圆锥形植物），这种空间常给人以庄严、肃穆、紧张的感觉（图 6.7）。

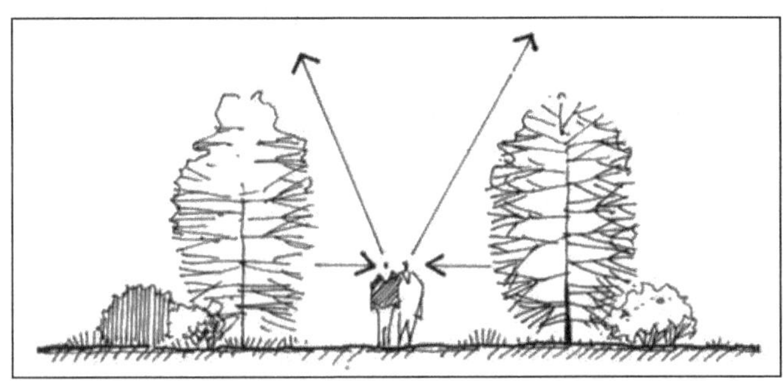

图 6.7 垂直面两面封闭，视线向上

（2）顶面

利用植物浓郁的树冠形成顶面覆盖而垂直方向开敞的空间，即夹在树冠和地面之间的开阔空间（图 6.8）。人们穿行或者站立于树干中。通过利用覆盖空间的不同高度，能形成不同的垂直尺度感；通过利用覆盖空间的平面布局，能形成直线或者曲线前进的运动感和空间序列感。

（3）底平面

仅用低矮灌木以及地被植物作为围合空间的要素，强调空间底平面视觉特征。这种围合感很弱、空间外向、视线开阔、无私密性，并且完全暴露在天空和阳光之下（图 6.9）。如草坪、灌木丛、花卉园等。而图 6.10 则表示垂直面、顶面以及底平面同时起作用，形成完全封闭的空间。

图 6.8 顶面封闭，视线从水平方向透出

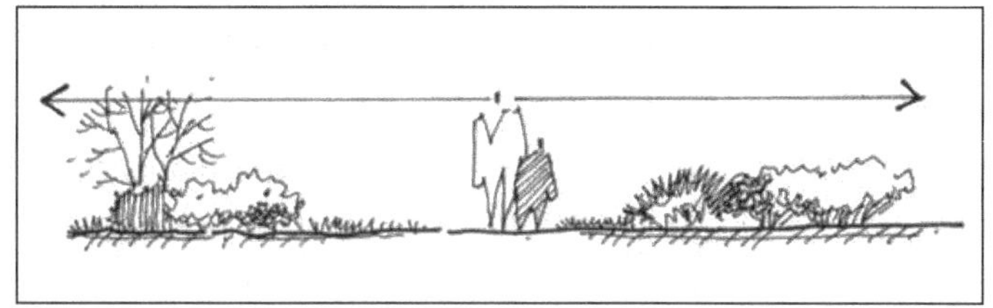

图 6.9 视线开敞，空间外向

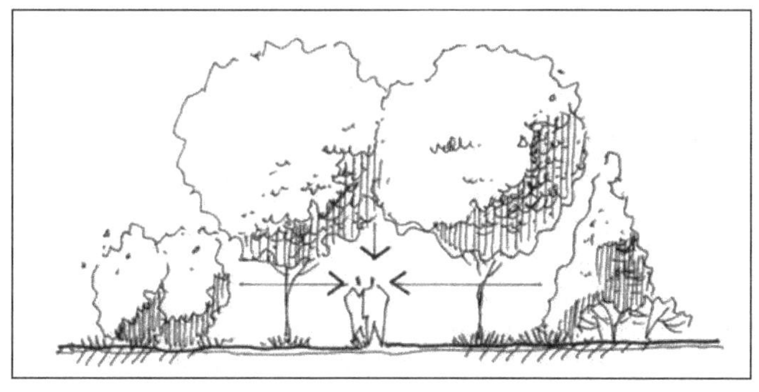

图 6.10 空间完全封闭

3. 利用园林植物创造观景景点

“园，所以种树木也”；“种果为园”，从这些对于“园”的解释来看，园林不能没有植物。园林中很多景点的形成都与植物有直接的联系。中国传统造园历来重视植物造景，常以植物为主题，利用植物本身的美，创造观景景点。

例如，承德离宫中的“万壑松风”、“梨花伴月”、“青枫绿屿”都是以植物为主题的景点。再如，留园入口处有一小院，呈“L”型，其东南一隅有老槐树一株，虽干枯，但苍劲古拙，故此景点得名：“古木交柯”。

园林植物作为营造园林景观的主要材料，本身具有独特的姿态、色彩、风韵之美。不同的园林植物形态各异，变化万千，既可孤植以展示个体之美，又能按照一定的构图方式配置，表现植物的群体美，还可根据各自生态习性，合理安排，巧妙搭配，营造出乔、灌、草结合的群落景观。

就拿乔木来说，银杏、毛白杨树干通直，气势轩昂，油松曲虬苍劲，铅笔柏则亭亭玉立，这些树木孤立栽培，即可构成园林主景。而秋季变色叶树种如枫香、银杏、重阳木等大片种植可形成“霜叶红于二月花”的景观。许多观果树种如海棠、山楂、石榴等的累累硕果呈现一派丰收的景象。

色彩缤纷的草本花卉更是创造观赏景观的好材料，由于花卉种类繁多，色彩丰富，株体矮小，园林应用十分普遍，形式也是多种多样。既可露地栽植，又能盆栽摆放组成花坛、花带，或采用各种形式的种植钵，点缀城市环境，创造赏心悦目的自然景观，烘托喜庆气氛，装点人们的生活。

不同的植物材料具有不同的景观特色，棕榈、大王椰子、假槟榔等营造的是一派热带风光；雪松、悬铃木与大片的草坪形成的疏林草地展现的是欧陆风情；而竹径通幽，梅影疏斜表现的是我国传统园林的清雅。

许多园林植物芳香宜人，能使人产生愉悦的感受。如桂花、腊梅、丁香、兰花、月季等有香味的园林植物种类非常多，在园林景观设计中可以利用各种香花植物进行配置，营造成“芳香园”景观，也可单独种植成专类园，如丁香园、月季园。也可种植于人们经常活动的场所，如在盛夏夜晚纳凉场所附近种植茉莉花和晚香玉，微风送香，沁人心脾。

4. 利用园林植物进行意境的创作

利用园林植物进行意境创作是中国传统园林的典型造景风格和宝贵的文化遗产。中国植物栽培历史悠久，文化灿烂，很多诗、词、歌、赋和民风民俗都留下了歌咏植物的优美篇章，并为各种植物材料赋予了人格化内容，从欣赏植物的形态美升华到欣赏植物的意境美，达到了天人合一的理想境界。

在园林景观创造中可借助植物抒发情怀，寓情于景，情景交融。松苍劲古雅，不畏霜雪严寒的恶劣环境，能在严寒中挺立于高山之巅；梅不畏寒冷，傲雪怒放；竹则“未曾出土先有节，纵凌云处也虚心”。三种植物都具有坚贞不屈、高风亮节的品格，所以被称作“岁寒三友”。其配置形式，意境高雅而鲜明，常被用于纪念性园林以缅怀前人的情操。兰花生于幽谷，叶姿飘逸，清香淡雅，绿叶幽茂，柔条独秀，无娇弱之态，无媚俗之意，摆放室内或植于庭院一角，意境何其高雅。

“古木交柯”是利用植物的形体美，从视觉上形成景点，然而还有一些植物可以从嗅觉、听觉方面传递信息，创造和改变空间意境。

例如，留园中部的荷花池，水池南面正对着园内主要厅堂——远香塘。每当夏季，荷花盛开，站在厅堂内外，清香随风扑面而来，沁人心脾，富于诗情画意，远香塘即取自“远香溢清”。又如，拙政园留听阁，以观赏雨景为主，建筑物东、南两侧均临水池，池内遍植荷莲，“留听阁”取意于李义山的诗句“留得残荷听雨声”。在雨打荷叶的情况下所产生的声响效果，再结合诗句，自然可以给人以艺术享受。

5. 利用园林植物能够起到烘托建筑、雕塑的作用

植物的枝叶呈现柔和的曲线，不同植物的质地、色彩在视觉感受上有着不同差别，园林中经常用柔质的植物材料来软化生硬的几何式建筑形体，如基础栽植、墙角种植、墙壁绿化等形式。一般在体型较大、立面庄严、视线开阔的建筑物附近，要选干高枝粗、树冠开展的树种；在玲珑精致的建筑物四周，要选栽一些枝态轻盈、叶小而致密的树种。现代园林中的雕塑、喷泉、建筑小品等也常用植物材料做装饰，或用绿篱做背景，通过色彩的对比和空间的围合来加强人们对景点的印象，产生烘托效果。园林植物与山石相配，能表现出地势起伏、野趣横生的自然韵味，与水体相配则能形成倒影或遮蔽水源，造成深远的感觉。园林建筑本身由于有生硬的线条以及室内外空间变化的差异，往往不能和园林环境自然过渡，而在建筑的室内外空间里配置适当的植物可以起到缓冲、过渡、协调、联系以及丰富立面构图的作用。同样的，雕塑、廊架等具有观赏价值的小品如果没有适当的植物来烘托，在园林环境中往往会显得突兀、孤立和单薄（图 6.11）。

图 6.11　植物烘托建筑

6.2　乔灌木的造景

6.2.1　乔灌木的定义及主要类型

1）乔木：形体高大、主干明显、分枝点高、寿命长。根据乔木的高度可以分为大乔木（20m 以上）、中乔木（8～20m）和小乔木（8m 以下）三类。依据一年四季叶片脱落状况又可分为常绿乔木和落叶乔木两类，其中叶形宽大的，称为阔叶常绿乔木或阔叶落叶乔木；叶片细如针状的则称为针叶常绿乔木或针叶落叶乔木。乔木是园林中的骨干植物，对园林布局影响很大，不论在功能上，或是艺术处理上，都能起到主导作用，特别是常绿乔木作用更大。

2）灌木：没有明显的主干，多呈丛生状态，或自基部分枝。一般高度在 2m 以上的称为大灌木，1～2m 为中灌木，高度不足 1m 的为小灌木。灌木也有常绿灌木和落叶灌木之分，主要做下木、篱植或基础栽植，开花灌木用途最广，常用在重点美化地区。

6.2.2　乔灌木的配置方式及在园林中的应用

（1）孤植

多为欣赏树木的个体美而采用的方法，是乔木或灌木的孤立种植类型，是中西园林

都广泛采用的一种植物造景形式。孤植树在园林中作为局部或者整个绿地的主景，表现树木的个体美，形成具有画龙点睛作用的景观景点。适合孤植的树木要求有较高的观赏价值。进行孤植设计需要注意以下几点。

1）在树种选择上，应选择姿态优美或者形体高大雄伟或者成荫效果好的树种。

2）孤植树的种植地点必须在比较开阔的地方，同时有比较良好的观赏视距和观赏点，以保证人们有足够的观赏孤植树的空间条件。

3）孤植树的设计必须考虑到图底关系，即孤植树与背景应有强烈的对比关系，才能突出孤植树的个体美，否则“孤植”这种手法也就失去了意义。例如，孤植树可以以大面积的草坪，平静的水面以及蔚蓝的天空为背景，也可以和背景在色彩上有强烈的对比关系。同时，孤植树周围尽量避免种植过于高大的树木，以免影响孤植的效果。

4）孤植树具体的种植位置要考虑到园林整体构图的效果，孤植相对于规则式种植而言，应强调构图的非对称均衡。例如，大草坪中的孤植树，一般在自然式园林中不布置在中央，而是根据构图需要，偏置在一旁。

（2）规则式种植

规则式种植分为对植和列植两种方式。在纪念性区域、入口、建筑物前、道路两旁等地方一般需要规则式布置，以衬托严谨、肃穆或整齐的气氛。

1）对植：对植是指用两株或两丛相同或相似的树，按照一定的轴线关系，做对称均衡的种植方式。对植植物在园林构图中一般不做主景，而是作为配景来强调主题，给人一种庄严、整齐、对称和平衡的感觉。

对植设计应注意以下几点。

① 对植一般用于建筑物前或公园、道路、广场的出入口（图 6.12）。

图 6.12　道路入口处的对植

② 规则式园林中对植为对称均衡，树种一般选择整齐、美观，且树种相同、大小一致；在自然式园林中对植为非对称均衡，可选相似树种，并且大小依据轴线关系而变化。

③ 对植树种的种植位置在艺术构图上要与景观轴线有一定的关系，在功能上不影响交通和行人。

2）列植：列植即行列式栽植，是指乔灌木按一定的株行距成排成行地种植。列植栽植形式造成的景观比较整齐、单纯、宏伟。列植设计应注意以下几点。

① 列植多用于规则式园林造景中，如道路、广场、办公楼前等（图 6.13）。

图 6.13　列植

② 列植应选用树形比较整齐的树种。

③ 应注意种植点与地上、地下管线的关系。

（3）篱植

篱植是规则式种植中常用的一种形式，它是由灌木或小乔木以相等的株距，单行或双行排列成行的密集生长的规则林带。

1）绿篱的作用：绿篱具有组织空间（图 6.14）、防止灰尘、防范维护、吸收噪音、防风避荫作用，可以充当雕塑、装饰小品、喷泉、花坛花境的背景，作为建筑的基础栽植，以及阻隔不美观的地段等。

图 6.14　绿篱分隔、组织空间

2）绿篱的分类（图 6.15）：根据绿篱的高度可以分为矮篱、中篱和高篱 3 类。矮篱是指高度在 30～50cm 的绿篱，多用于花境的镶边、花坛和观赏草地的图案花纹。中篱是指高度在 70～120cm 的绿篱，主要用于观赏草地和规则式观赏种植区的围护以及建筑物的基础栽植。高篱是指高度在 160～200cm 的绿篱，也称树墙，一般用于园林绿地的防范、屏障视线、分隔空间以及作为喷泉、雕塑等景观小品的背景。

根据功能要求与观赏要求不同，绿篱又可分为：常绿篱、落叶篱、花篱、彩叶篱、观果篱、刺篱、蔓篱以及编篱等 8 种类型。

根据整形修剪与否，绿篱可分为整形绿篱和自然绿篱。

图 6.15 绿篱

整形绿篱：指把绿篱修剪成几何形体，多用于规则式园林中。整形绿篱一般选用生长缓慢，分枝点低，结构紧密，不需要大量修剪和耐修剪常绿灌木或小乔木（例如，黄杨类、海桐、侧柏类、桃叶珊瑚、女贞类）。整形绿篱的高度和宽度要服从整个园林绿地空间组织与功能的要求，切忌到处设置和不分具体环境设置绿篱，比如将绿地分割得支离破碎或者在中国古典园林里设置整形绿篱，破坏原有意境。

自然绿篱：指不按几何体整形修剪绿篱，或称不整形绿篱，多用于自然式园林或庭院。自然绿篱宜选用体积大、枝叶浓密，分枝点低的开花灌木为好（例如，木槿、构骨、枸橘之类），一般不加修剪，任其自然生长，但为了绿篱下枝不致枯落并使其生长紧密，促使其下部分枝叶加多的生理修剪是必要的。

（4）丛植

丛植是指由两株到十几株同种或异种树木组合而成的种植类型，它以反映树木群体的综合形象美为主。个体树之间既有统一联系，又有各自的变化，分别以主、次、配的地位形成相互对比、相互衬托的关系，组成植物群体。丛植是园林绿地中重点布置的一种种植类型，在园林造景中起着重要作用，配置形式也比较考究。

1）丛植在园林造景方面的作用。

① 作为对景和景物的屏障，配合其他手段分隔空间。主要用于园林绿地入口或主要道路的分道、弯道尽端的处理。

② 作为大型公共建筑物的配景或局部空间的主景。在大型公共建筑物周围布置体量相称的树丛，起到烘托建筑物及丰富构图的作用。园林的一些局部空间，如草地中央、水际、岛上等容易集中人们视线的位置，可利用有突出观赏效果的树丛作为局部的构图的主景。

③ 用树丛作为景物的背景和陪衬。为了突出雕像、纪念碑等景物的轮廓，可利用树丛作为背景和陪衬。运用树丛作背景时，应注意与被烘托的景物之间的图底关系，在色彩、亮度和形态方面产生对比。

2）丛植配置的基本形式。丛植在艺术构图上必须符合多样统一的原理，个体间既有协调又有对比，诸多个体能够组合成协调统一又活泼的整体。两株以上配合，构图上讲究非对称均衡，忌讳对称均衡。

① 二株配合。二株树必须既有调和又有对比，使二者成为对立的统一体。因此，二株配合首先必须有通相，即采用的必须是同一树种或外形十分相似，才能产生调和感，使二者统一起来；同时，二株树又必须有殊相，即在姿态和大小上应有差异，才能产生对比，使二者构成的整体活泼起来。

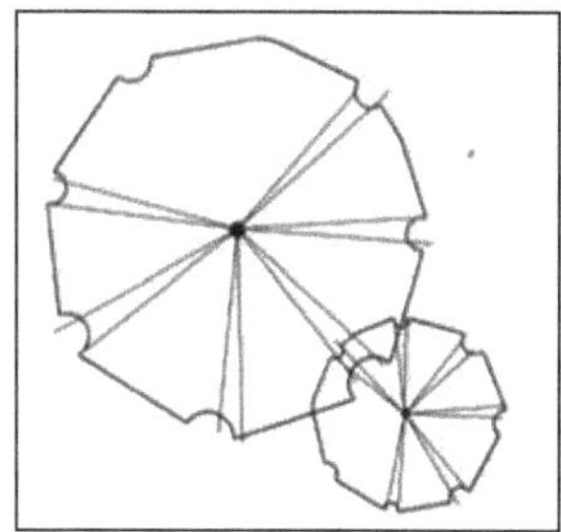

图 6.16　二株配合

二株树的栽植距离应该小于两树冠半径之和，才能成为一个整体，如图 6.16 所示。

② 三株配合。三株配合宜采用姿态、大小相异的同一种树，如果是两种树最好同为常绿树，或同为落叶树，或同为乔木、或同为灌木，忌用三种不同树种，否则三株树构成殊相的因素太多，不易形成统一体。

三株配植，树木大小、姿态要有对比和差异；三株树的栽植点忌同在一直线上或构成等边三角形。三株树的距离不要相等，构图上寻求非对称均衡，如图 6.17（a）所示，若三株为同一树种，最大的和最小的靠近些，中间大小的相对远离成为一组。若采用两个不同树种，其中最大的和中间大小的为一种，小的为一种，这样既有统一又有变化，如图 6.17（b）所示。

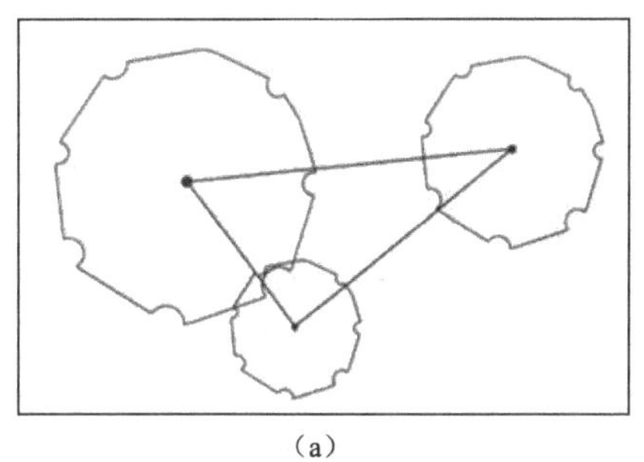

（a）

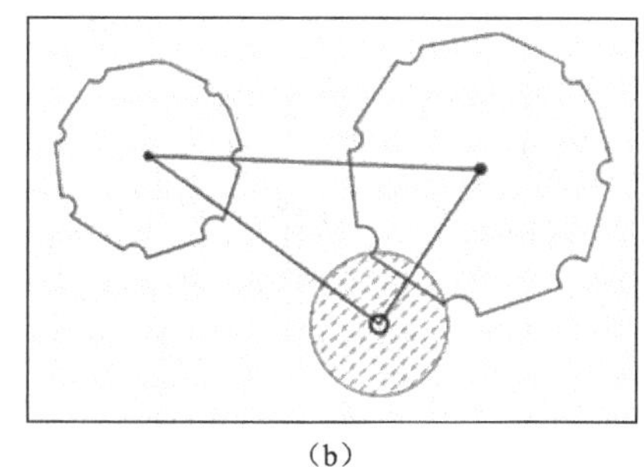

（b）

图 6.17　三株配合

③ 四株配合。四株配合仍宜采用姿态、大小相异的同一种树为好，分为两组，形成 3∶1 的组合，其中最大的和最小的树都不能单独成一组。如图 6.18 所示，四株配合基本的平面形式为不等边三角或不等边四边形两种，构图上仍遵循非对称均衡原则，忌四株成一直线、等边三角形和正方形，在分组上三大一小，一大三小或双双分组。

如果采用不同的树种，四株配合最多只能用两种。三株一种，一株另一种，单株的树大小不宜是四株中最大或最小的；与其他三株不同树种的树宜置于整个构图的重心附近，不宜偏置一侧，如图 6.18 和图 6.19 所示。

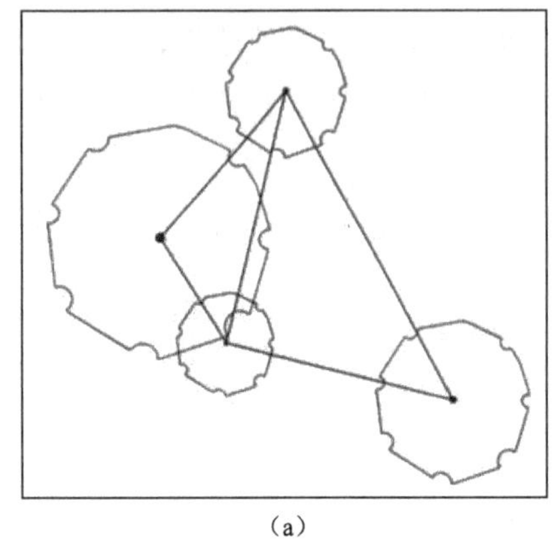

(a)

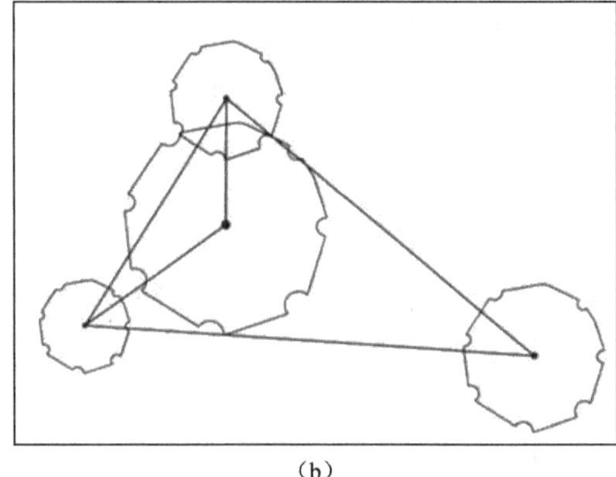

(b)

图 6.18　四株配合（一）

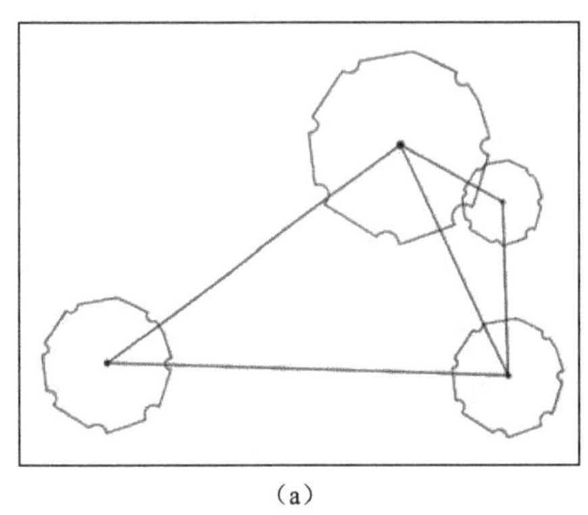

(a)

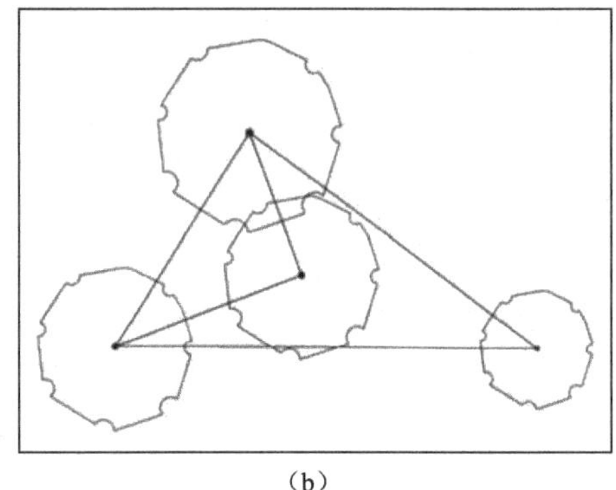

(b)

图 6.19　四株配合（二）

④ 五株配合。以上的二、三、四株配合均以一个树种为好，而五株配合可以是一个树种或者两个树种，分成 3∶2 或 4∶1 两组。

如五株同为一个树种，可以同为乔木、灌木、常绿、或落叶树，每株树的姿态、大小、株距都有一定的差异。在 3∶2 的组合中，主体必须在三株小组内，其中三株小组组合原则与三株配合相同，二株小组的组合原则与二株配合相同。两小组的组合须取得均衡对称，又要取得一定的动势，以产生活泼的视觉效果，如图 6.20 所示。在 4∶1 的组合中的单株树木，不能是最大和最小的，主体应在四株小组之内，两小组的组合要有所呼应和均衡，如图 6.20 和图 6.21 所示。

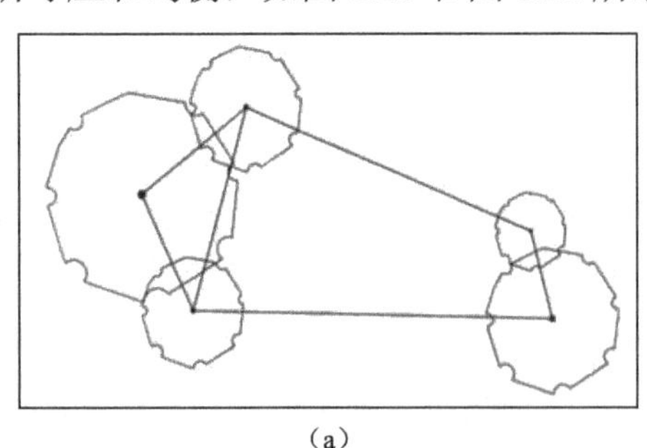

(a)

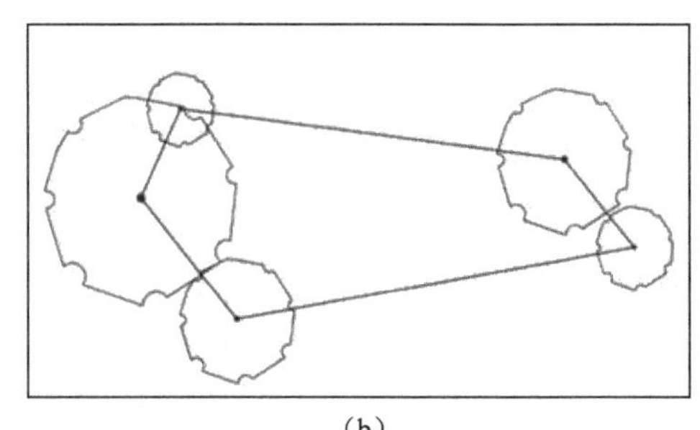

(b)

图 6.20　五株配合中的 3∶2

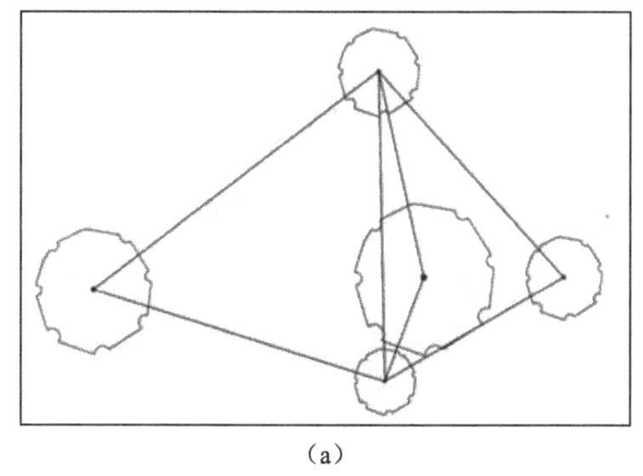
(a)

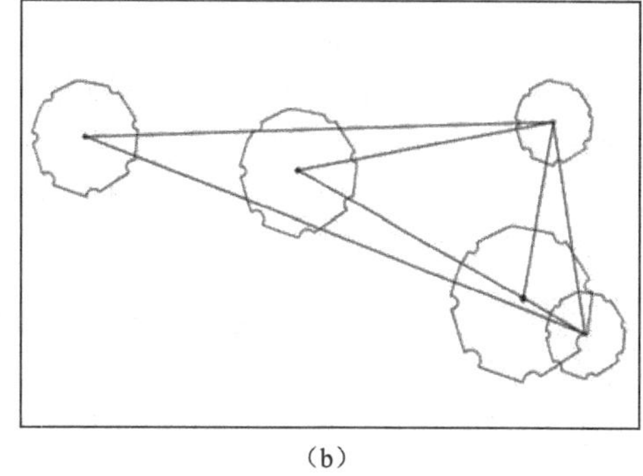
(b)

图 6.21 五株配合中的 4∶1

⑤ 六株以上配合。六株以上配合实际就是二株、三株、四株、五株几个基本形式的相互合理组合。

3）丛植设计中须注意的问题。

① 树丛应有一个基本的树种，树丛的主体部分、从属部分和搭配部分清晰可辨。

② 树木形象的差异不能过于悬殊，但又要避免过于雷同。树丛的立面在大小、高低、层次、疏密和色彩方面均应有一定的变化。

③ 种植点在平面构图上要达到非对称均衡，并且树丛的周围应给观赏者留出合适的观赏点和足够的观赏空间。

④ 同孤植树一样，树丛也要选择合适的背景。比如在中国古典园林中，树丛常以白粉墙为背景；再如，树丛为色叶植物组成，则背景可以采用常绿树种，在色彩上形成对比。

（5）群植

群植是（20～30 株）乔木或灌木的混合栽植，群植的树木为树群，主要表现树木的群体美，对单株要求并不严格。群植可以分为单纯树群和混交树群两类。

单纯树群：由一种树木组成，观赏效果相对稳定。可以应用耐荫宿根花卉做地被植物。

混交树群：可分为 5 层（乔木、亚乔木、大灌木、小灌木、地被植物）或 3 层（乔木、灌木、草本）。树群内部的树木组合必须符合生态的要求，充分发挥植物有机体之间的相互作用。在布置上，高大的常绿乔木应居中央作为背景，花果艳丽的小乔木载其边缘，叶色及花色华丽的大灌木、小灌木在其更边缘，避免相互遮掩。在任何一个断面上，林冠线应起伏错落，林缘线要曲折多变，株距有疏有密，切忌阵列式的机械排布。外围配植的灌木花卉都应成丛分布，交叉错综，有断有续。

群植设计应注意以下几个问题。

1）群植种植虽然对单株树木要求不高，但在群体外貌上都应起到一定的作用。

2）群植属多层结构，水平郁闭度大，林内不宜游人休息，因此不应在树群内安排园路，只有在靠近园路或广场一侧的树群可供游人休息避荫之用。

3）树群栽植标高应高于草坪、道路、广场，以利于排水。

4）林缘线的纵轴与横轴忌相等，要有差异，长度不宜大于 60m，长宽比不大于 3∶1，若大于 4∶1 则为带状树群或林带。林带主要用于阻隔视线、防风、防尘、作为背景以及河流、道路两侧的配景。

5）树群的树种不宜过多，多则容易引起杂乱，不宜形成整体统一的视觉效果。

（6）林植

树林是指大量树木的总体，它是指株数在数十株以上的大面积栽植。它不仅数量多，面积大，而且有一定的密度和群落外貌，对周围的环境有着明显的影响。树林是一种最基本最大量的种植类型，但树林和森林不同，因为无论数量还是规模一般都不能与森林相比。树林栽植对树种选择和个体搭配的艺术要求不高，但是还是要考虑到艺术布局以满足游人的需要。

树林包括防护林和风景林两种类型，其中风景林又分为疏林和密林两种。

1）疏林：疏林一般是指郁闭度为 0.3～0.6 的树林，常与草地结合，故又称草地疏林。草地疏林是风景区中应用最多的一种形式，也是林区吸引游人的地方（图 6.22）。疏林多采用单纯的乔木种植，一方面方便游人活动，另一方面形成简洁壮阔的风景效果。由于采用单纯的乔木种植，树木因此要具有较高的观赏价值：树枝线条要曲折多姿，树冠要舒展，树干要美观，花叶色彩要丰富。在布局上，树木种植要三五成群，疏密相间，有断有续，错落有致，尽量使构图生动活泼。另外，林下的草坪要含水量少、耐踩踏，利于游人活动。

图 6.22　草地疏林是游人的好去处

2）密林：密林是指郁闭度为 0.7～1.0 的单纯或混交树林。由于阳光很少透入树林，所以林区湿度比较大，地被植物含水量高，不适合游人活动。密林分为单纯密林和混交密林。

① 单纯密林。由一种树种组成的密林。它没有垂直郁闭景观和丰富的季相变化。为了弥补这一缺点，单纯密林种植采用异龄树木，株距疏密有间，并利用起伏地形，造成林冠线起伏错落。林区外缘线可以配置树群、树丛以及孤植树造成林缘线曲折多变。林下可配置一种或多种开花华丽的耐阴或半阴性草本花卉，以及低矮开花繁茂的耐阴灌木。为了提高林下景观的艺术效果，单纯密林的水平郁闭度不能太高，最好在 0.7～0.8

之间，以利于林下植物的正常生长和增加可见度。单纯密林在视觉艺术效果上的特点是简洁壮阔。

② 混交密林。是一个郁闭的具有多层结构的植物群落。大乔木、小乔木、高草和低草各自根据其生态要求和彼此相互统一依存的条件，形成不同的层次，所以季相变化比较大。需要注意的是，由于林缘部分供人欣赏，其垂直成层构图十分丰富，但不可全部塞满，宜采用一部分多层郁闭，一部分不郁闭的双层结构，以便游人视线可以透入林内，欣赏林区的幽邃深远之美。为了使游人可以深入林地，林内可以设置自然园路（园路两侧郁闭度不可太大），必要时还可留出大小不同的空旷草坪，利用林中溪流水体，给游人以回到大自然的感觉。

密林种植，大面积可种片状混交，小面积的多采用点状混交，一般不用带状混交，同时注意常绿和落叶树、乔木和灌木的配置比例，以及植物生态方面的要求。

6.3 花卉植物的造景

6.3.1 花卉的含义、分类及作用

花卉是指姿态优美，花色艳丽，花香郁馥，具有观赏价值的草本和木本植物，一般多指草本植物而言。

根据花卉生长期的长短以及根部形态和对生态的要求条件可分为一年生花卉、二年生花卉、多年生花卉（宿根花卉）、球根花卉和水生花卉。

1）一年生花卉：指春天播种，当年开花的种类。

2）二年生花卉：指秋天播种，次年春天开花的种类。

3）多年生花卉：一次栽植能多年继续生存，年年开花的种类，也称宿根花卉。

4）球根花卉：指多年生草本花卉的地下部分，无论茎或根肥大成球状、块状或鳞片状的一类花卉均属球根花卉。

5）水生花卉：草本植物生于水中，不管其根是否伸入泥中，或浮游于水中均称水生花卉。

花卉植物种类繁多、花形多样、色彩艳丽，是园林造景中经常用作重点装饰和色彩构图的植物材料。

6.3.2 花卉在园林中的运用及配置

（1）花坛

花坛是指在具有几何轮廓的植床内，种植各种不同色彩的观赏植物而构成有华丽纹样或鲜艳色彩的装饰图案，在园林构图中常做主景或配景。花坛的主要类型如下。

1）根据花坛所表现的主题可以分为花丛式花坛、图案式花坛、标题式花坛及装饰小品花坛四类。

① 花丛式花坛。也称盛花花坛，是以观花草本植物花朵盛开时，本身或群体的华丽色彩为表现主题，故花丛式花坛栽植的花卉必须花期一致，开花繁茂，可以是同一种

类，也可以是不同种类组成的简单图案。

② 图案式花坛。是以各种不同色彩的观叶植物或花叶兼美的植物组成华丽复杂的图案纹样作为表现主题的花坛（图 6.23）。图案式花坛的图案完全是装饰性的。花坛内部比较繁复华丽，因而其外部轮廓应比较简单，才能凸显花坛内部纹样。

图 6.23 花坛图案样式

③ 标题式花坛。在形式上与图案式花坛没有多大区别，它通过一定的艺术形象类表达思想主题。例如，用花坛内部的植物组成文字表达某一主题；有时则组成有一定含义或象征意义的图案。

④ 装饰小品花坛。也称立体花坛，具有一定的使用目的，或作为园林绿地的装饰物，以提高园林的观赏效果（图 6.24）。

图 6.24 花坛与小品结合

2）根据园林局部构图的主体，可以分为以下几种。

① 独立花坛。可以是花丛式、图案式、标题式或装饰小品花坛，通常布置在建筑广场的中央、公园的入口广场上、林荫道交叉口以及大型建筑物的正前方。独立式花坛的平面形状一般为单面对称或多面对称的图案形状，其长短轴之比不大于 1∶4。独立式花坛面积不宜太大，游人不得入内（图 6.25）。

图 6.25　独立式花坛

② 花坛群。两个以上的个体花坛，组成一个不能分割的整体时，称为花坛群。花坛群的构图中心可以是独立式花坛，也可以是水池、喷泉、雕像或纪念碑等。花坛群内部空隙间，可设置草地和铺状场地，允许人们进入。如规模比较大的花坛群，还可以设置休息设施及花架供人休息之用。

③ 花坛组群。由几个花坛群组成一个在构图上不可分割的整体时，称为花坛组群。花坛组群通常布置在城市广场上、或是大规模的规则式园林中，其构图中心常常以大型的喷泉、水池、雕像或纪念性构筑物为主。由于花坛组群规模巨大，除了重点部分采用花丛式或图案式花坛，其他多采用花缘镶边的草坪，或由常绿小灌木矮篱组成图案来装饰。

④ 带状花坛。凡是宽度在 1m 以上，长短轴之比大于 1∶4 的长形花坛称为带状花坛。带状花坛可做主景或配景，常设置于道路的中央或两旁，以及作为建筑物的基部装饰或草坪的边饰物。一般采用花丛式花坛。

⑤ 连续花坛群。由多个独立式花坛或带状花坛成直线排列成一行，组成一个有节奏的，在构图上不可分割的整体，常称为连续花坛群。通常布置在道路和林阴路以及纵长广场的轴线上，并常常以水池、喷泉或雕塑来强调连续景观的起点、高潮和结尾。在宽阔雄伟的石阶坡道中央也可布置连续花坛群。

⑥ 连续花坛组群。由许多花坛群成直线排列成一行或几行，或是由几行连续花坛群排列起来，组成一个沿直线方向演进的，有一定节奏规律的，在构图上不可分割的整体时称为连续花坛组群，常常结合连续喷泉群，连续水池群以及连续的装饰雕塑来设计。

3）设计花坛必须注意以下问题。

① 作为主景的花坛或花坛群，其外形应是对称的，且其本身的轴线应与广场的轴线相一致。花坛或花坛群的平面轮廓应与广场的外形相一致，但可以有细微的变化。但有时因为交通功能的需要，花坛外形常与广场轮廓不一致。主景花坛可以是华丽的图案花坛或花丛式花坛，但是当花坛直接作为雕像、喷泉、纪念性构筑物的几座时，花坛只能处于从属地位，其花纹和颜色应当恰如其分，避免喧宾夺主。

② 作为配景处理的花坛，总是以花群的形式出现，通常配置在主景主轴两侧。如果主景是多轴对称的，个体花坛只能配置在对称轴两侧，其本身最好不要对称，但必须以主轴为对称轴，和轴线另一侧的个体花坛取得对称。

③ 花坛或花坛群与广场面积比，一般在 1/3～1/15，作为观赏用的草皮花坛面积可以稍大一些。华丽的花坛面积可以比简洁的花坛小一些，在行人集散量很大的或者交通量很大的广场上，花坛面积可以更小一些。

④ 个体花坛面积也不宜过大，否则会影响视觉效果，而且容易变形。所以一般图案式花坛直径或短轴长 8～10m 为宜，花丛式花坛直径或短轴为 15～20m，草皮花坛可以大一些。为减少花坛变形和有利于排水，常将花坛设在斜面上，或者将花坛做成中央隆起的球面，图案的线条不能太细。常绿灌木组成的花坛最细也必须在 10cm 以上。花坛的装饰和纹样要和园林或周围建筑的艺术风格一致。

⑤ 花坛主要以平面观赏为主，植床不能太高，一般高出地面 7～10cm。植床周围用缘石镶边，使花坛有比较明显的轮廓，同时防止车辆驶入以及泥土流失。缘石一般高 10～30cm，最高不超过 30cm，宽度为 10～30cm。合适的缘石对花坛有一定的装饰作用，但不可喧宾夺主，而且要与地面铺装协调一致。

（2）花台

花台是我国古典园林中特有的一种高型的花坛，常用砖、石砌成。造型一般采取六角形、八角形或花瓣形等。坛内栽植高低参差，错落有致的观赏植物，通常供人稍远平视，着重欣赏植物的姿态，线条，色彩和香气的综合美，故坛以稍高为佳，往往需高 50～80cm，因此为花台。牡丹、山茶、杜鹃、梅花、五针松、腊梅、红枫、翠柏和南天竹等，均为我国花台中的传统植物。

目前，花台一般设置在大型园林的广场，道路交叉口，建筑物出入口台阶的两侧，以及花架、走廊的旁边。在形式上，更有新发展，如组合花台，式样新颖，风格独特。此外，也有以虬松，翠柏就以外形优美的假山石、石笋等，制成大型盆景，受人喜爱。

花台在中国式庭院或古典园林中应用颇多。花台如同花坛一样可做主景或配景用。现代公园、花园、工厂、机关、学校、医院等也常见。在大型广场、道路交叉口、建筑物入口的台阶两旁及花架走廊之侧，也多有应用。目前，花台的形式正在发展。

（3）花境

花境（图 6.26）是园林中从规则式到自然式构图中的过渡形式，其平面轮廓与带状花坛相似，植床两边是平行的直线或有轨迹可寻的平行曲线，并且至少在一边用常绿木本或草本矮生植物（麦冬、葱兰、沿阶草、瓜子黄杨等）镶边。

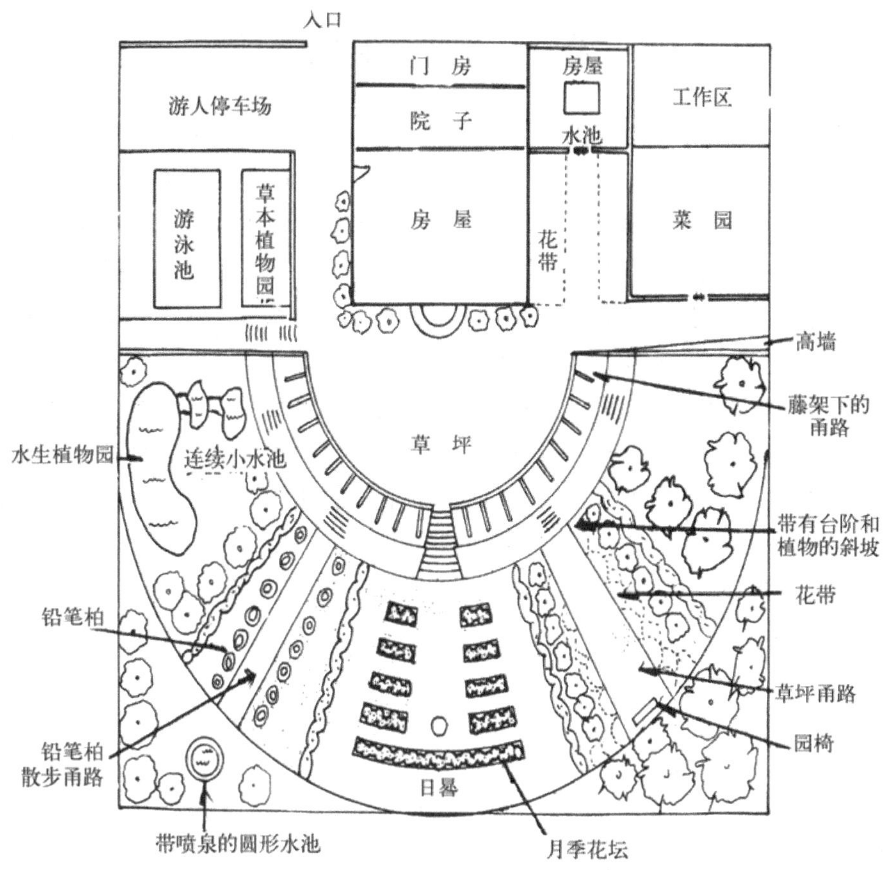

图 6.26 花境

花境内植物配置是自然式的，主要以平视欣赏植物本身所特有的自然美以及植物自然组合的群落美为主。花境内以种植多年生的宿根花卉和开花灌木为主，管理方便、应用广泛，如建筑物或围墙墙基、道路沿线、挡土墙、植篱前等均可布置。

花境依据园林构图可分为单面观赏（2～4m）和双面观赏（4～6m）两种。单面观赏花境植物配置由低到高形成一个面向道路的斜面，花境远离游人的一边，通常背靠建筑物或绿篱。双面观赏花境，中间植物最高并向两边逐渐降低，这种花境多设置在道路、广场和草地的中央，花境两边的游人都可以欣赏到它。花境的种植床一般高于地面，在有缘石的情况下，与花坛相同；没有缘石镶边的，植床外缘与草地或路面相平，中间或内侧应稍高形成 5%～10%的坡度，以利于排水。花境的镶边和背景植物，要修剪成带形。花境内的植物由数种以上的植物混交而成，构图中要有主调、基调和配调，立面上要高低参差，植物的色彩、线形、叶形、姿态及枝叶分布上，要做到多样统一，还要考虑到季相变化。

6.4 草坪与地被植物的造景

现代城市高楼林立，烟尘弥漫，工作节奏快，缺乏自然美，易使人产生压抑感和疲劳感，缺乏宁静感，人们更加渴望回归自然，在贴近自然的环境中休息、娱乐。草坪是园林的重要组成部分之一，也是人类改善和建设环境的重要手段。草坪可以广泛应用于人类的各种环境，包括生产环境、生活环境、运动环境、娱乐环境以及国土治理、环境的绿化和美化等，对全面改善人类的生存环境具有重要的意义。草坪在园林艺术中不仅可以单独作为主景配置，而且也能与其他假山、石、水面、坡地以及各种地形地貌、园林建筑、树木花卉等相结合，组成各种不同类型的空间景观，给绿地增添景色，给人们带来不同形式的艺术享受，并给人提供游览、休息和活动的场所，从而使绿地充分发挥作用。草坪的设计不仅要研究草坪植物与地被植物和树木等的配置艺术，还要研究和协调草坪、地被、树木与其他绿化材料、绿化设施等之间的相互关系，以获得较高水平的综合效果，也才能进一步提高草坪在城乡绿化中的环境、社会和生态效益。

6.4.1 草坪的定义、作用及分类

（1）草坪的定义

草坪是将多年生、宿根性或单一混播的草种，均匀密植、成片生长的绿地。草坪在绿地中形成较大的开敞空间，既可观赏，也可供人们户外游憩活动，是居住区绿化设计的重要组成内容。草坪面积较大，必须保持足够的排水坡度，一般应有3%～5%的自然坡度，但游憩草坪坡度不宜超过10%，这样既美观又有利于养护管理，可以延长草坪寿命和使用期。

草坪是指园林中低矮草本植物用以覆盖裸露地面，并作为供观赏及体育活动用的规则式草皮和为游人露天活动休息而提供的面积较大，略带起伏的自然草皮，又称草地。

草坪可以覆盖裸露的地面，有利于防止水土流失，保护环境和改善小气候，也是游人活动休息的理想场地。大面积的草坪不仅给人以开阔愉快的美感，同时也给花草树木以及山石、建筑以美的衬托。

（2）草坪的分类

根据草坪的用途来分，一般可以分为以下几类。

1）休息草坪：供户外休息活动的草坪，一般在公园、广场上使用。

2）观赏草坪：专供观赏而不能踩踏的草坪，在公园或办公楼前用以造景为主的草坪多属于此类。

3）运动草坪：专供体育运动之用的草坪，如足球场、高尔夫球场草坪（图6.27）等。

4）护坡草坪：防止水土流失，保护公路、铁路及其他坡坎的草坪。

图 6.27 高尔夫球场

根据草坪的生物学特征来分，由于各草坪起源不同，自然分布在各个不同的气候带，从而形成不同的生态适应性及不同的生长发育特征，一般分为以下几个类型。

1）暖季型草坪：也称暖地形草坪，是指由暖季型草建成的草坪。暖季型草是指最适生长温度为 26℃～32℃的草坪草。这类草坪夏季生长旺盛，抗热性强，抗寒性相对较差，绿期短，适宜在南方使用，在北方则表现为秋、冬季枯黄。

2）冷季型草坪：也称冷地型草坪，是指由冷季型草建成的草坪。冷季型草是指最适生长温度为 15℃～24℃的草坪草。这类草坪春、秋季生长旺盛，抗寒性较强，抗热性较差，绿期较长，适宜在北方使用，在南方表现为抗湿热性差，病虫害严重，夏季有枯萎现象发生。

6.4.2 草坪在园林中的配置方式

适合于铺设草坪的草种很多，如结缕草、狗牙草、天鹅绒草等，其生长特性应用见表 6.1。

表 6.1 草坪常用草种一览表

种　名	科　别	特　性	应　用	分　布
结缕草	禾本科	阳性，耐干旱，耐踩，低矮，不需推剪	观赏、游息	全国各地
天鹅绒草	禾本科	阳性，无性繁殖，不耐寒，耐踩，低矮，不需推剪	观赏、网球场	长江流域，华南地区
狗牙根	禾本科	阳性，耐踩，耐旱，耐瘠薄，耐盐碱	体育场、游息场	全国各地
假俭草		阴性，耐潮湿	水池边，树下	长江以南
野牛草		半阴性，耐旱，耐踩	游息场，树下	北方各地
羊狐茅		耐干旱、砂土、瘠薄土壤	观赏	西北
红狐茅		耐寒，耐旱，耐阴	观赏，游息	东北
翦股颖		耐阴，耐潮湿，抗病虫，耐瘠薄，喜酸性土	观赏、树下	山西
红顶草		耐寒，喜湿润，不耐阴	水池边	华北、西南、长江流域
早熟禾		耐踩，耐阴湿	树下	全国
羊胡子草		耐阴，不耐踩	树下	北方

（1）规则式草坪

地形平坦而且外形被整形为几何形状的草坪，一般用于运动场地或纪念性、仪式化的城市广场，以及办公楼前空地。

（2）自然式草坪

地形起伏有变化，外形轮廓曲折自然，表现自然美的草坪。一般用于风景区，自然式或混合式园林。

6.4.3 地被植物的造景

地被植物是指作草坪的单子叶草类如野牛草、狗牙根、结缕草、早熟禾等耐修剪、耐践踏的植物材料以外的诸多双子叶植物或低矮的木本植物材料。它们的种类多，用途广，适应多种环境条件，但一般不宜整形修剪，不宜践踏。

地被植物是园林中的功能植物，能解决环境绿化和美化中的许多实际问题，如护坡、保持水土，节约养护成本、时间等。它们的美是群体的美，自然的美。从色彩、形式和质地方面均显示出它们无以取代的魅力。地被植物种类繁多，有草本类、灌木类、藤本类、蕨类、竹类等。

草本类植物主要以观花、观叶为主。如泽泻，叶形雅致，叶色碧绿，花序小巧玲珑，绿色或稍带紫色，别具风味；白芨，花朵紫红色井然有序，在苍翠叶片的衬托下，端庄而优雅；大花金鸡菊，叶片狭长，花金黄色，具有良好的视觉效果；银瀑马蹄金，叶圆形或肾形，叶银白色，成片种植，仿佛来到银色的世界，情趣盎然；花叶麦冬，叶宽线形，黄绿色的叶丛中，抽出细长挺拔的蓝紫色花序，清秀幽雅，是庭院、花园中优良的边缘植物；紫叶酢浆草，叶形奇特，叶色深紫，小花白色，色彩对比强烈，十分醒目；丛生福禄考，叶似针状，花色有淡蓝、粉色、白色，小花繁多，烂漫可爱；吉祥草，叶色鲜绿，花茎紫红色，浆果熟时红色，是良好的林下地被植物；轮伞大戟，叶狭长，花序犹如孔雀开屏，十分美丽；美女樱，叶长圆形，花色丰富，有紫、红、白、粉等，色彩艳丽；雪滴花，花叶繁茂，不畏春寒，傲然开花。芳香类植物小花娇柔优雅、香气宜人，如迷迭香、百里香、薄荷、牛至、粉花香科等，都是优秀的地被植物。

灌木类植物株形整齐、植株错落有致。如洒金珊瑚，株形圆形，叶面深绿有光泽，布满大小不等的黄色斑点；大花六道木，叶小，金黄色，花繁茂而芬芳；金叶小檗，叶色金黄，花黄白色，十分悦目；金叶扶芳藤，叶卵形，有光泽，分枝多而密，是优良的绿化材料；八仙花，叶色翠绿，花色瑰丽，花朵密集，四射如球；金丝桃，开花后满株金黄色，鲜艳夺目，适宜群植；富贵草，匍匐灌木，株形紧凑，适于作阴湿环境地被植物。地被火棘，叶紧密互生，花白色，果深红色，是优良的观果地被植物。绣线菊，小枝细长，叶卵形，花白色，花序端庄典雅；柽柳，枝条紫红色，花粉红色，枝叶婆娑，富有野趣。

藤本类植物姿态优美，有很好的立体效果。如凌霄，嫩枝向阳面常紫红色，花朵硕大，色彩艳丽丰富，呈漏斗状；常春藤，品种繁多，叶形各异，是常用的藤本植物；金银花，叶色浅绿至深绿，入冬时带红褐色，花有白、红、黄色，叶姿健美，花形别致，亭亭玉立，开花时花香阵阵，芬芳宜人。还有一些土豆藤、油麻藤、南蛇藤、蔓长春等，也是非常优秀的品种。

蕨类植物茎叶秀丽，适用于阴生地被和盆栽观赏。如铁线蕨、贯众、凤尾蕨、荚果蕨等。

竹类植物，枝叶秀丽，幽雅别致，四季常青，傲霜雪，具有高贵的气质。如凤尾竹，小叶线状披针形，叶片数目甚多，枝顶端弯曲；菲白竹，叶片的翠绿中夹有白条，十分雅致，是良好的观赏竹种。

6.5 水生植物的造景

水生植物在现代城市园林造景中是必不可少的材料。一泓池水清澈见底，令人心旷神情，但若在池中、水畔栽数株植物，定会使水景陡然增色。而且，水生植物不仅具有较高的观赏价值，更重要的是它还能吸收水中的污染物，对水体起净化作用，是水体天然的净化器。在当前水资源不断减少，水生态环境破坏严重的情况下，充分利用好水生植物，不仅能丰富园林景观，还能改善水体，消除污染，让人们真正享受到“碧波荡漾，鸟语花香”的自然美景。水生植物景观能够给人一种清新、舒畅的感觉，它不仅可以观叶、品姿、赏花，还能欣赏映照在水中的倒影，令人浮想联翩。湖面上数株亭亭玉立的荷花，荷叶青翠欲滴，粉红、紫红的令箭荷花娇羞迷人，在晨光晚霞中，湖光倒影，向人们展现出一幅迷人的画卷。另外，水生植物也是营造野趣的上好材料，在河岸密植芦苇林、大片的香蒲、慈菇、水葱、浮萍定能使水景野趣盎然。

6.5.1 水生植物的种类

水生植物是指生长在水中或潮湿土壤中的植物，包括草本植物和木本植物。我国水系众多，水生植物资源非常丰富，仅高等水生植物就有 300 多种（图 6.28）。

图 6.28 水生植物

在园林中，按其生态习性可分为以下几种。

1）浮叶植物：睡莲、满江红、萍蓬莲、菱等。

2）挺水植物：荷花、千屈菜、水葱、泽泻、雨久花、香蒲、菖蒲等。

3）沉水植物：金鱼草、伊乐藻、轮叶黑藻等。

4）滨水植物：水杉、落羽杉、竹类、水松、木芙蓉等。

6.5.2 水生植物的艺术构图

（1）色彩构图

淡绿透明的水色，是调和各种园林景物色彩的底色，如水边碧草、绿叶，水中蓝天、白云。但对绚丽的开花乔灌木及草本花卉或秋色却具衬托的作用。英国某苗圃办公室临近水面，办公室建筑为白色墙面，与近旁湖面间铺以碧草，水边配植一棵樱花、一株杜鹃。水中映着蓝天、白云、白房、粉红的樱花。鲜红的杜鹃。色彩运用非常简练，倒影清晰，景观活泼又醒目。南京白鹭洲公园水池旁种植的落羽松和蔷薇。春季落羽松嫩绿色的枝叶像一片绿色屏障衬托出粉红色的十姐妹，绿水与其倒影的色彩非常调和；秋季棕褐色的秋色叶丰富了水中色彩。上海动物园天鹅湖畔及杭州植物园山水园湖边的香樟春色叶色彩丰富，有的呈红棕色，也有嫩绿、黄绿等不同的绿色，丰富了水中春季色彩，并可以维持数周效果。如再植以乌桕、苦谏等耐水湿树种，则秋季水中倒影又可增添红、黄、紫等色彩（图 6.29）。

图 6.29　水生植物的色彩

（2）线条构图

平直的水面通过配植具有各种树形及线条的植物，可丰富线条构图。英国勃兰哈姆公园湖边配植钻天杨、杂种柳、欧洲七叶树及北非雪松。高大的钻天杨与低垂水面的柳条与平直的水面形成强烈的对比，而水中浑圆的欧洲七叶树树冠倒影及北非雪松圆锥形树冠轮廓线的对比也非常鲜明。我国园林中自古水边也主张植以垂柳，造成柔条拂水，湖上新春的景色。此外，在水边种植落羽松、池杉、水杉及具有下垂气根的小叶榕均能起到线条构图的作用。另外，水边植物栽植的方式，探向水面的枝条，或平伸，或斜展，或扭曲，在水面上都可形成优美的线条。

（3）透景与借景

水边植物配植切忌等距种植及整形式修剪，以免失去画意。栽植片林时，留出透景线，利用树干、树冠框以对岸景点。如颐和园昆明湖边利用测柏林的透景线，框万寿山佛香阁这组景观。英国谢菲尔德公园第一个湖面，也利用湖边片林中留出的透景线及倾向湖面的地形，引导游客很自然地步向水边，欣赏对岸的红枫、卫矛及北美紫树的秋叶。

一些姿态优美的树种，其倾向水面的枝、干可被用作框架，以远处的景色为画，构成一幅自然的画面（图 6.30），如南宁南湖公园水边植有很多枝、干斜向水面，弯曲有致的台湾相思，透过其枝、干，正好框住远处的多孔桥，画面优美而自然。探向水面的枝、干，尤其似倒未倒的水边大乔木，在构图上可起到增加水面层次的作用，并且富具野趣。

图 6.30 透景植物的应用

6.5.3 水边绿化树种选择

水边绿化树种首先要具备一定耐水湿的能力，另外还要符合设计意图中美化的要求。我国从南到北常见应用的树种有：水松、蒲桃、小叶榕、高山榕、水翁、水石榕、紫花羊蹄甲、木麻黄、椰子、蒲葵、落羽松、池杉、水杉、大叶柳、垂柳、旱柳、水冬瓜、乌桕、苦楝、悬铃木、枫香、枫杨、三角枫、重阳木、柿、榔榆、桑、拓、梨属、白蜡属、僵柳、海棠、香樟、棕搁、无患子、蔷薇、紫藤、南迎春、连翘，棒棠、夹竹桃、桧柏、丝棉木等。在英国园林中水边常见的树种中观赏树姿的有：垂枝柳叶梨、巨杉、北美红杉、北美黑松、钻天杨、杂种柳、七叶树、北非雪松等；色叶树种有红栋、水杉、中华石榄、鸡爪槭，英国枥、北美紫树、连香树，落羽松、池杉、卫矛、全钱松、日光槭、血皮槭、糖槭、圆叶槭、佛塞纪木、银杏、北美枫香、枫香、金松、花揪属、北美唐棣等；变叶树种有灰绿北非雪松、灰绿北美云杉、金黄美洲花柏、金黄大果柏、紫叶山毛榉、金黄叶刺傀、紫叶臻、紫叶小劈、金黄叶山梅花、全黄叶接骨木等；常见的花灌木有多花四照花、杜鹃属、欧石南，红脉吊钟花、花揪属、八仙花、圆锥八仙花，北美唐棣、山楂属等。

水面景观低于人的视线，与水边景观呼应，加上水中倒影，最宜游人观赏。杭州植物园裸子植物区旁的湖中，可见水面上有控制地种植了一片萍蓬，金黄色的花朵挺立水面，与水中水杉倒影相映，犹如一幅优美的水面画。西双版纳植物园湖中种植的王莲、睡莲太拥挤，岸边优美的大王椰子的树姿以及蓝天、白云的倒影印无法展望，甚是可惜。北京北海公园东南部的一片湖面，遍植荷花，倒是体现了“接天莲叶无穷碧，映日荷花别样红”的意境，每当游人环湖漫步在柳林下，阵阵清香袭来，非常惬意。当朵朵莲蓬挺立水面时，是一番水面庄稼丰硕景象。遗憾的是水面看不到白塔美丽的倒影。因此，在岸边若有亭、台、楼、阁、榭、塔等园林建筑，或种植有优美树姿、色彩艳丽的观花、观叶树种，则水中的植物配植切忌拥塞，必须予以控制，留出足够空旷的水面来展示倒影。对待一些污染严重，具有臭味的水面，则宜配植抗污染能力强的凤眼莲、水浮莲以及浮萍等，布满水面，隔臭防污，使水面犹如一片绿毯或花地。西方某些国家的园林中开始提倡野趣园。野趣最宜以水面植物配植来体现。通过种植一些野生的水生植物，如芦苇、蒲草、香蒲、慈菇、杏菜、浮萍、槐叶萍，水底植些眼子菜、玻璃藻、黑藻等，则此水景野趣横生（图 6.31）。

图 6.31　水生植物

6.5.4 水生植物在园林中的应用

小型水景园应用于较小的环境，用一池清水来扩大空间，打破郁闭的环境，创造自然活泼的景观。

（1）我国小型水景园应用概况

近年来随着园林事业的发展、人们审美情趣的提高，小型水景园也得到了较为广泛地应用，在公园局部景点、居住区花园、街头绿地、大型宾馆的花园、屋顶花园、展览温室内都有建造。但是传统的技法，多半做成堆叠假山的山水园，或用瀑布、喷泉等水景。很少有丰富多彩的水生植物组成的水景。外形也较简单，除了几何形外，多半为一头大一头小的变形虫形。驳岸常用混凝土、仿树桩，或砌卵石、山石等，一般高出水面 40cm 左右。其实在小型水景园中，平池静水，几石浮水如鸥，花草熠熠的景观远比丑陋、枯燥的假山美得多，我国植物资源丰富，不乏水中、水际、沼生、湿生植物种类。此外，也可用些金鱼、蛙类、蜗牛、贝类等动物来丰富水景。在水池建造方面宜吸取国外一些简便、成本低廉的经验，如采用衬池及预制水池，为没有施工技术的非专业人员提供了方便。

（2）国外小型水景园的类型

在建造上有沉池、台池之分。沉池水浅池平，亲水感强；台池本身是景点的突出，吸引人们的视线。

1）盆池：这是一种最古老，而且投资最少的水池，适宜于屋顶花园或小庭园。盆池在我国其实也早已被应用，种植单独观赏的植物，如碗莲、千曲菜等，也可兼赏水中鱼虫。常置于阳台、天井或室内阳面窗台。木桶、瓷缸都可作为盆池，甚至只要能盛 30cm 水深的容器都可作为一个小盆池。

2）预制水池：预制水池是随现代工艺和材料的发展而出现的。它比较昂贵，但使用方便。一般预制水池的材料是玻璃纤维或塑料。这种水池形状各异，且常设计成可种植水际植物的壁架。有了预制水池后，只需在地面挖一个与其外形、大小相似的穴，去掉石块等尖锐物，再用湿的泥炭或砂土铺底，将水池水平填入即可。这种水池便于移动，养护简单，使用寿命长。

3）衬池：衬池是用一种衬物制成，其体量及外形的限制较小，可以自行设计。所用的衬物以耐用、柔软、具有伸缩性、能适合各种形状者为佳。大多由聚乙烯、聚氯乙烯、尼龙织韧与聚乙烯压成的薄片以及丁基橡胶制成。

做衬池前先设计形状，放线，开挖。为适合不同水生、水际植物的种植深度，池底宜以深浅不同的台阶状为宜。挖后要仔细剔除池底、池壁上凸出的尖硬物体，再铺上数厘米厚的湿沙，以防损坏池衬。用具有伸缩性池衬铺设时，周围可先用重物压住，然后注水于上，借助水的重量，使池衬平滑地铺于池底各层。最后，在池周围用砖或混凝土预制块砌一周边，固定池衬，再把露在外面的多余部分沿边整齐地剪掉即可。若要自然式周边，可选用自然山石驳岸。

4）混凝土池：混凝土池最常见，也最耐用。可按设计要求做成各种形状，具有各种颜色。施工时，将水泥、砂按比例与适当的防水利混合后加水拌匀备用。对于自然式有一定坡度的池壁，先在池底上砌上10cm厚的混凝土，然后加钢筋网，再砌一层5cm的混凝土，把表面砌光滑。对于坡度大或垂直池壁的整形式水池，应在砌池壁时用模板。直线的池壁，用木板或硬质纤维板即可；曲线的池壁，需用胶合板或其他强度合适的材料，弯成所需形状后再用。为了防止木板上粘住混凝土，可在其内侧涂上油脂或肥皂水等。如池壁要上色，应在最后一层砌的混凝土中放入颜料。颜料需在预混时加入。红色常用铁氧化物，深绿色的用铬氧化物，蓝色的为钴蓝，黑色的锰黑，白色的为白水泥。为使池面光滑，无裂缝，宜慢慢干燥，故要用湿麻袋等物覆盖，保持湿润，不断喷水，保持5～6天后即成，由于新的混凝土地含有大量的碱，可在池中放满水，经7～10天左右放空后，再加些高锰酸钾或醋酸中和。

（3）国外沼泽园应用概况

荷兰、英国等国的园林中常有大型、独立的沼泽园。一种是在沼泽园中打下木桩，铺以木板路面，使游人可沿木板路深入沼泽园，去欣赏各种沼生植物；另一种没有路导入园内，只能沿园四周观赏。而小型的沼泽园则常和水景园结合，为水池延伸部分。具有沼泽部分的水景园，可增添很多美丽的沼生植物，并能创造出花草熠熠，富有情趣的景观。

自然式水景园，则与之相连的沼泽园也宜自然。水景园中央水最深，慢慢向外变浅，最后由浅水到湿土，为各种水生、湿生植物创造了条件（图6.32）。

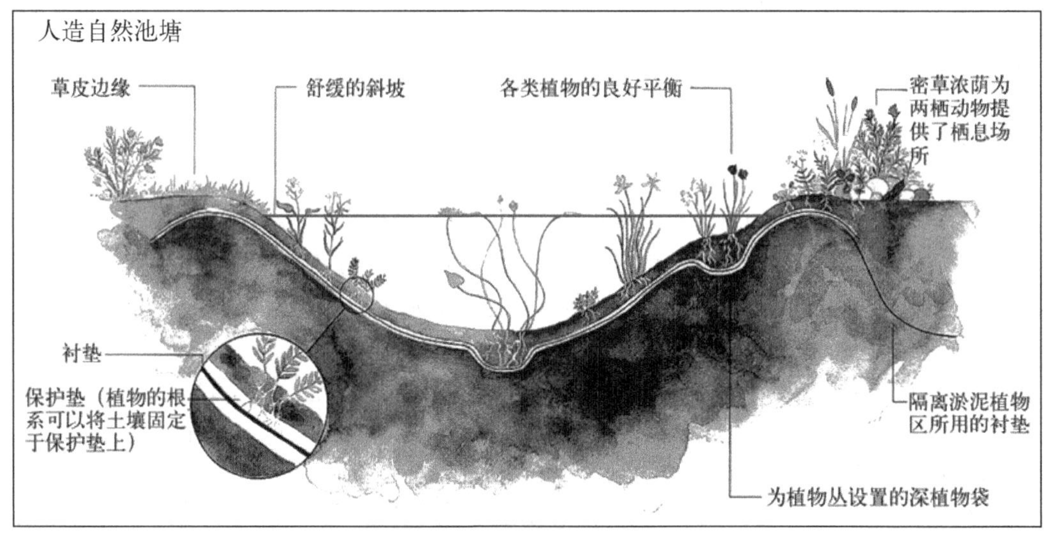

图6.32 自然水池

整形式水景园总是配以整形式沼泽园。如水景园采用衬池结构，只要把池衬加大，两者共用。只是水景园水深，沼泽园浅。两园之间用砖或石料砌一堵透水墙，渗水不能渗土。在沼泽园底部填上卵石，再在上面铺以粗泥炭土与黏土混合的种植介质，最上面再覆盖一层石砾。水可从水景园通过墙缝渗入沼泽园的土中，保持基质湿度，而多余的水又可从根部排入水景园。透水墙由于不能渗土，故可以保持水景园池水的洁净。

6.6　植物的造景设计

6.6.1　植物平面形态

1. 树木的平面表示法

树木的平面表示法一般都是先以树干为圆心，树冠平均半径为半径做出圆，再加以材质表现。一般情况下材质表现可分为以下四种（图 6.33）。

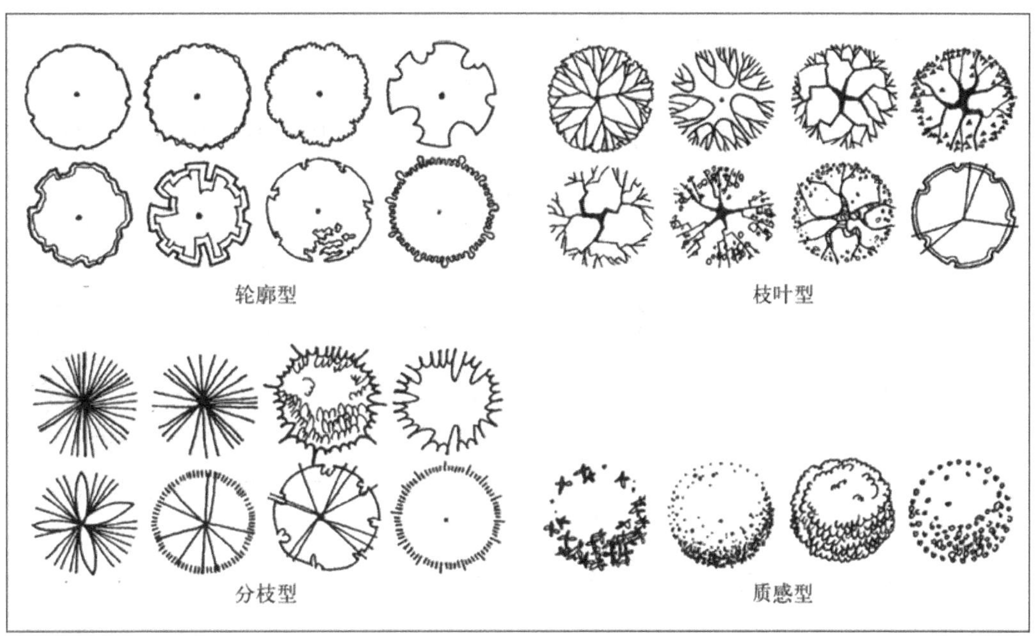

图 6.33　树木的平面表达类型

（1）轮廓型

只用线条勾勒出轮廓，线条流畅，这种画法较为简单，而且多用于草图设计当中可节省时间。

（2）分枝型

在树木的轮廓基础上，用线条组合表示树枝或者枝干的分叉。

（3）枝叶型

既表示分枝，又绘以冠叶。这种情况多用在大型的落叶乔木的绘制中。

（4）质感型

在枝叶型的基础上，再将冠叶绘以质感，这种情况一般也是用于大型落叶乔木，并且往往树木是处于重要位置、或者单独放置。

另外，在绘制树木的平面图时，为了增强其立体效果，可以在背光地面增加落影。树木阴影的绘制程序如图 6.34 所示。

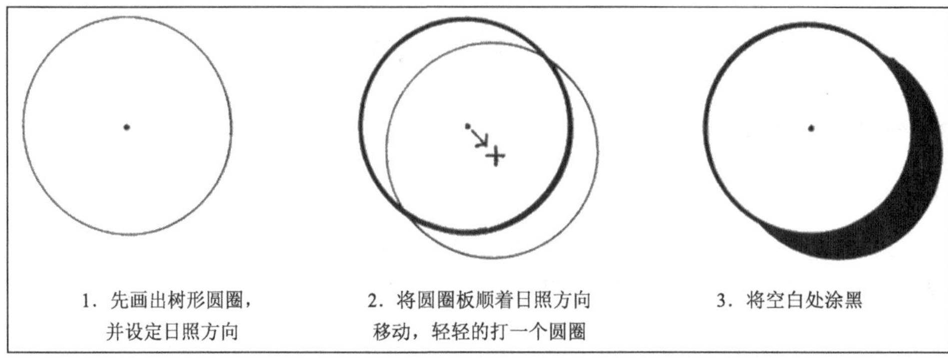

图 6.34　植物阴影的绘制

全黑的阴影效果最好，但也可用一系列平行日照方向的影线表现阴影（图 6.35）。

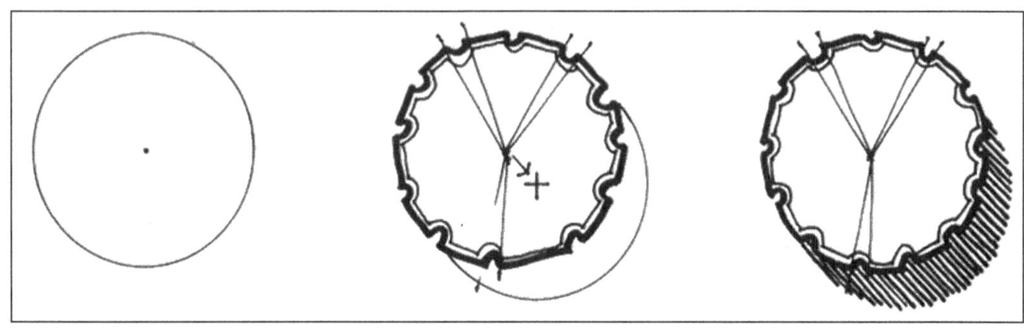

图 6.35　植物阴影

对于较复杂的轮廓线，则可在阴影的底线上重复树木的轮廓，留一条细的白边界定树形及阴影（图 6.36）。

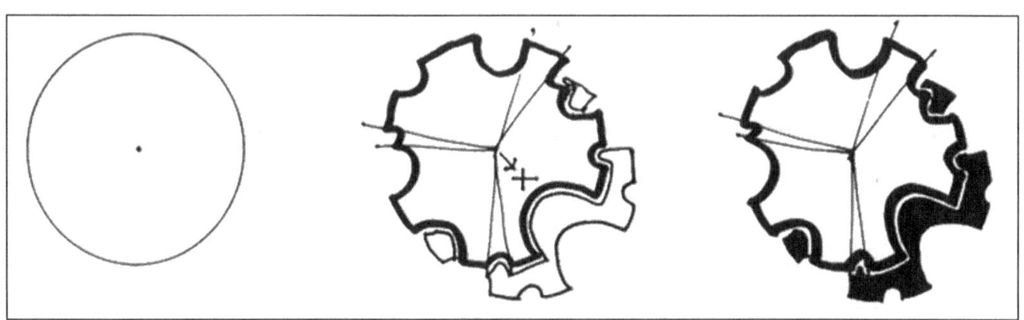

图 6.36　植物阴影

2．灌木的表示方法

灌木没有明显的主干，平面形状有曲有直。自然式栽植灌木丛的平面形状多不规则，修剪的灌木和绿篱的平面形状多为规则的或不规则但平滑的。灌木的平面表示方法与树木类似，通常修剪规整的灌木可用轮廓、分枝或枝叶型表示，不规则形状的灌木平面宜用轮廓型和质感型表示，表示时以栽植范围为准。由于灌木通常丛生、没有明显的主干，因此灌木平面很少会与乔木平面相混淆（图6.37）。

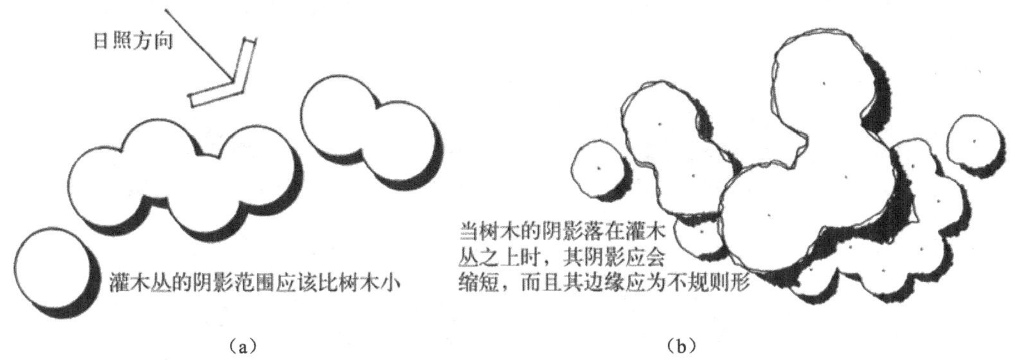

图6.37 灌木的表达

3. 草坪与草地的表示方法

草坪和草地的表示方法很多，下面介绍一些主要的表示方法。

草坪宜采用轮廓勾勒和质感表现的形式。作图时应以地被栽植的范围线为依据，用不规则的细线勾勒出草坪的范围轮廓。

（1）打点法

打点法是较简单的一种表示方法。用打点法画草坪时所打的点的大小应基本一致，无论疏密，点都要打得相对均匀（图6.38）。

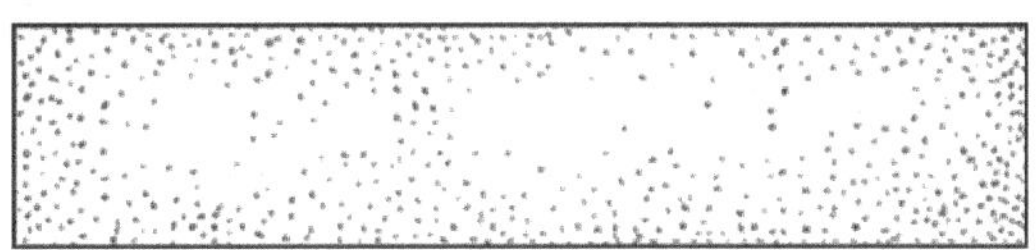

图6.38 打点法

（2）小短线法

将小短线排列成行，每行之间的间距相近、排列整齐的可用来表示草坪（图6.39），排列不规整的可用来表示草地或管理粗放的草坪。

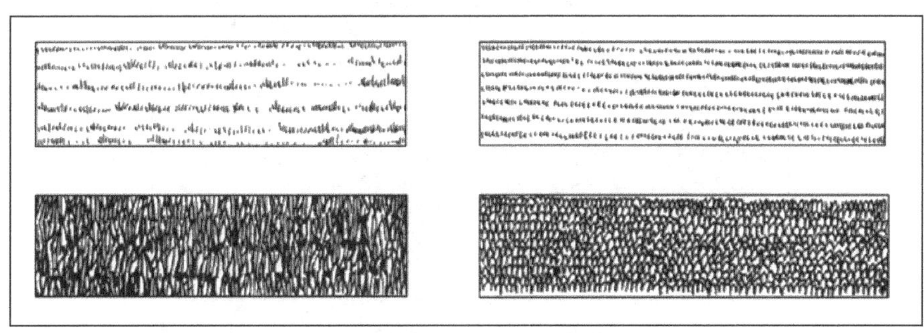

图6.39 小短线法

（3）线段排列法

线段排列法（图 6.40）是最常用的方法，要求线段排列整齐，行间有断断续续的重叠，也可稍许留些空白或行间留白。另外，也可用斜线排列表示草坪，排列方式可规则，也可随意。

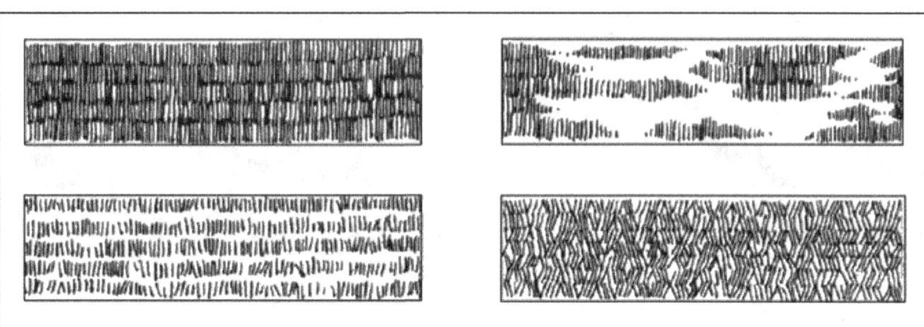

图 6.40　线段排列法

图 6.41 是树木的平面表达的一些实例，以作参考。

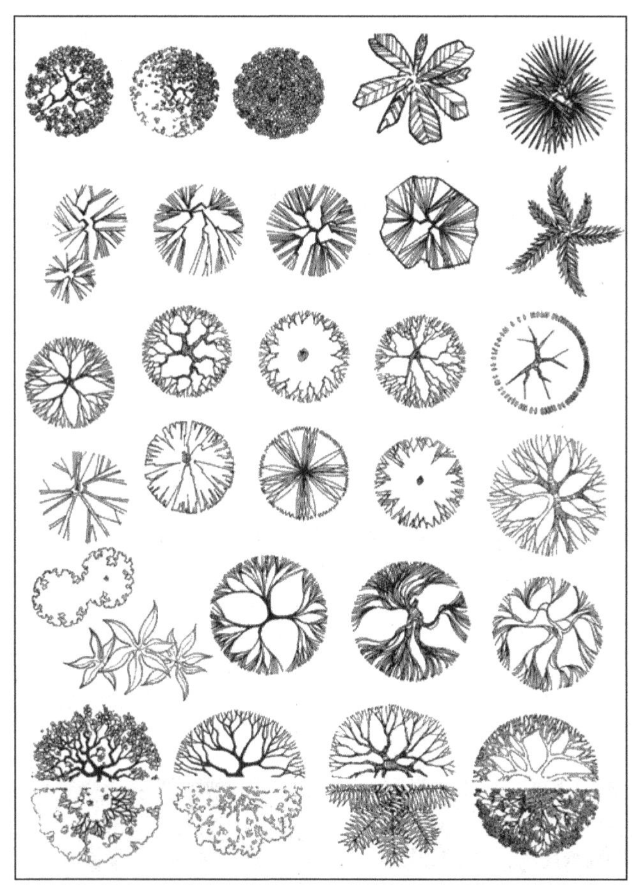

图 6.41　植物的平面符号

6.6.2　植物立面形态

树木的立面表示方法也可分为轮廓、分枝和质感等几大类型。树木的立面表现形式有写实的，也有图案化的或稍加变形的，其风格应与树木平面和整个图面相一致。

树木在平面、立（剖）面图中的表示方法应相同，表现手法和风格应一致（图 6.42），并保证树木的平面冠径与立面冠幅相等、平面与立面对应、树干的位置处于树冠圆的圆心。这样作出的平面、立（剖）面图才和谐，如图 6.43、图 6.44 和图 6.45 所示。

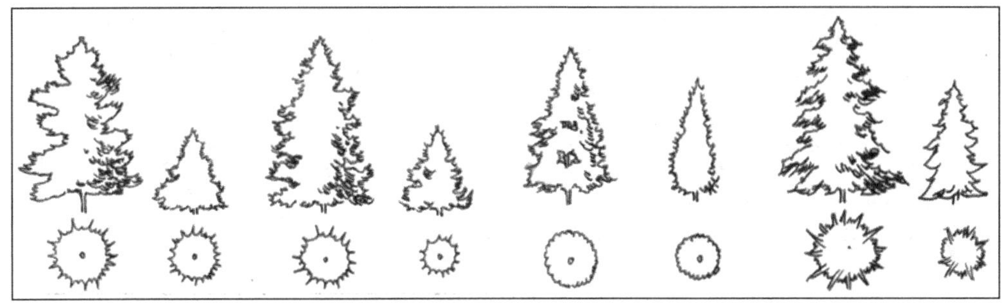

图 6.42　平面与立面对应

图 6.43　单个树木的立面表达

图 6.44　树木群落的立面表达

图 6.45　植物立面图例

思考与练习

1．花坛的色彩设计应注意的问题有哪些？

2．根据你所熟悉的环境，设计一个四季观花的树种配置形式，要求每一季节举出至少 4 种以上的观花树种。

3．根据你所熟悉的环境，做一个花坛设计（内容包括总平面图、花坛平面图、立面效果图和设计说明书等）。

4．以图的形势分析说明树丛配置的基本形式和要求。

第7章

植物景观设计表达

学习目标：景观设计表现是园林设计的基础，它使学生通过实践和理论学习掌握一些基本的园景表现手段和技法，同时通过平面、空间和色彩的训练提高未来设计师的综合素养。这需要表现者熟悉各种经常使用到的工具与材料，并熟练掌握它们的性能，在使用中运用自如。另一方面要不断充实自身的素质和修养，提高审美情趣，掌握各种表现技法的绘制流程。

7.1 工具与材料

就绘画表现本身而言，在现代艺术创作中，其手法和手段越来越丰富，各种新兴的流派，各样带有创新意味的绘画材料及绘画技法的变革层出不穷，有时往往是一种纸或者一只新型的笔，就会引发绘图形式新的表现，掀起一场绘画技法的新变革。纵观目前绘画界各种令人眼花缭乱的技法之后，冷静分析，就会很明显地发现它们的本质万变不离其宗。比如，颜料再多样化，不离其水质、油质两大类。又如马克笔不过是使用便捷的硬质的透明水彩笔，而水溶性铅笔的绘画效果，就是彩铅和水彩的结合（图 7.1）。

图 7.1 景观设计表现

7.1.1 工具类

如图 7.2 所示为绘图工具。

1）铅笔：6H～6B。

2）钢笔（图 7.3）。

① 普通钢笔。

② 弯头钢笔，主要特点是在绘画时根据形体、明暗变化与画面需要而不时变换用笔角度，或者将弯笔尖正反变换使用，可画出有粗细、虚实之分的线条与笔触。

③ 针管笔，主要特点是画出的线条粗细一致、出水流畅、线条较挺，一般用于做细部调子。

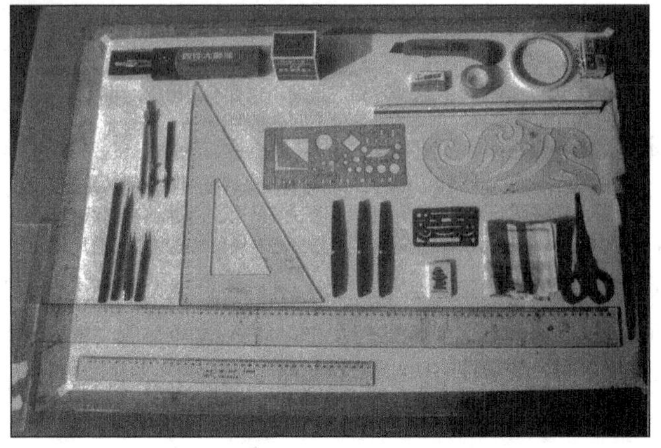

图 7.2 绘图工具

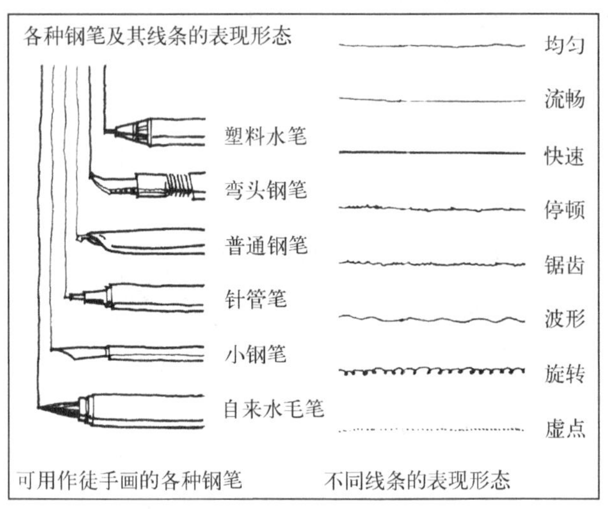

图 7.3 各种钢笔表现

④ 蘸水钢笔，主要特点是这类笔是由蘸水羽毛笔演变而来，可根据用力大小一笔画出粗细变化很柔和的线条，但是不便携带，适用于室内作画。

3）彩色铅笔：24 色或 36 色、普通或水溶性彩铅。主要特点是表现渐变、调和以及某些肌理的能力强，易把握和修改。但是相对来说着色时间较长，色彩较平，体积感弱。

4）马克笔：水性、油性马克笔，还包括各种毡头笔。主要特点是方便，无需事前准备、事后清理，颜色干得快，艳丽。水性马克笔遇水就化开，适合后期刻画，不宜大面积的平涂。油性马克笔笔触小，用笔重复时，边缘线容易化开，适合面积较大的渲染和平涂。

5）水粉笔：包括化妆笔、油画笔等。

6）水彩笔：包括①水彩笔；②扁型的以“羊毫”为主；③圆锥型的以“狼毫”为主。

7）底纹笔。

8）板刷：棕笔、羊毛笔。

9）喷笔：包括气泵、遮盖膜。主要特点是过渡均匀、柔和。但费事费时，局限性强。

10）界尺。

11）美工刀。

7.1.2 材料类

所需材料包括描图纸、白卡纸、黑卡纸、色卡纸、水彩纸、水粉颜料、水彩颜料、透明水色、胶水、双面胶、不干胶等。

一般而言，水彩画用纸一般较厚一些为好，太薄的纸托不住水分，干画法时纸的纹理颗粒稍细些，湿画法时纸的纹理颗粒稍粗些。水粉画一般不要求过多的水分渲染，主要靠颜料的薄厚对比与颜料的覆盖来作画，因此相对而言对纸性能的采用范围就比较大。对于水粉画的初学者，一般不宜选用纹理太粗的纸。

7.2 各类表现效果

7.2.1 工具线条图

工具线条图，是用尺、规和曲线板等绘图工具绘制，以线条特征为主的工整图样。横平竖直，即使是曲线也是以固定的几何差值变化的。这种绘图的技法是园林设计绘图的基本技能，在学习绘图初期，通常借助于一些辅助工具来表现空间物体，再逐渐过渡到徒手表达。往往在绘制一张图纸的第一步，都是通过工具线条来确定整个图纸的大体透视走向。

运用这种绘图技法，画面严谨、工整，结构明确。作工具线条图时，可参考下面的作图步骤进行（图 7.4）。

（a）

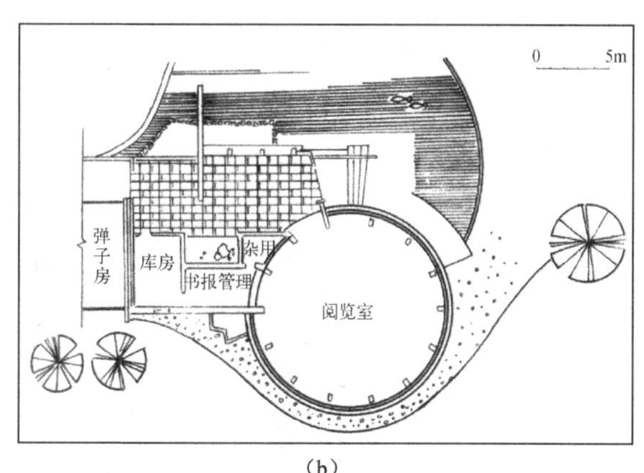

（b）

图 7.4 工具线条画

1）先准确地绘制底稿，起稿时采用较硬的铅笔，作图时易轻不易重。

2）作铅笔工具线条图时应按由浅至深的顺序作图；作墨线工具线条图时应先作细线后作粗线，因为细线容易干，不影响作图进度。

3）同一等级的直线，应从上至下、从左至右依次绘制。

4）曲线与直线连接时，应先作曲线，后作直线。

7.2.2 钢笔徒手画

园林中的钢笔徒手画法，在某种程度上也是一种速写的表现形式，它比速写表达得更充分更细致。这种表达形式要求作画者有很好的素描速写底子，并具有敏锐准确的观察分析能力以及概括和提炼能力。

钢笔画出来的线条是不易擦掉的，所以在落笔之前要先在头脑里打个腹稿，每次落笔，无论是点、线、面，还是线条组成的明暗调子，都要明确而不含糊（图 7.5）。

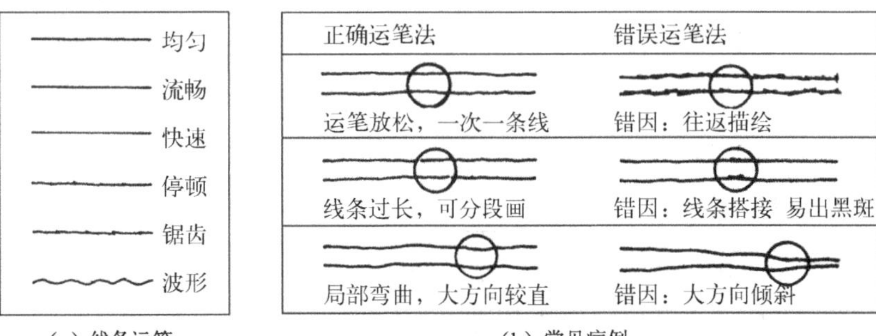

（a）线条运笔 （b）常见病例

图 7.5 钢笔线条

1. 钢笔画用线手法

钢笔画与其他表现技法一样，仍以正确塑造形体为目的，因此，其用线的手法应从表现对象的主要特点出发。不同的对象特点要求的笔种和笔法也不同，可画出多种线条。如弧、直、曲、交叉、并列、粗、细、虚、实、横、纵、斜等。在线条的组织中，可用上述各线组成规则或不规则的线网，而且组成线网的线条的排列方式也是多种多样的（图 7.6 和图 7.7）。

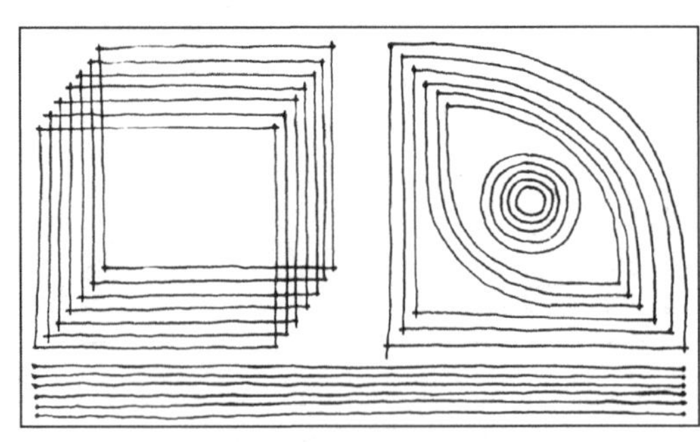

图 7.6 钢笔线条练习

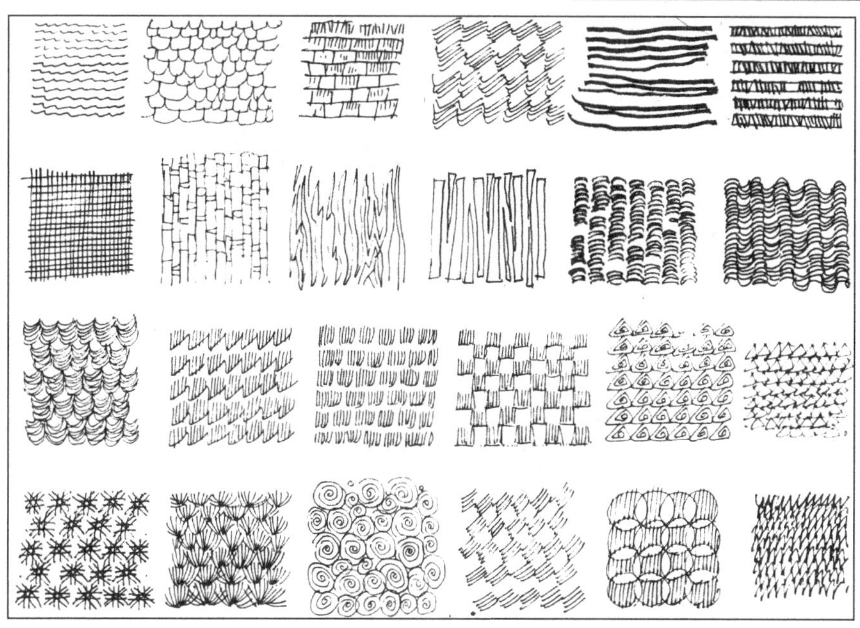

图 7.7　线条的组合和排列

2. 钢笔表现不同的材质

不同材质的物体，其反光度、粗细、光影均有所差别，通过不同的钢笔线条的排列、组合，把它表现出来呈现在页面上。如钢材和水体的表现，前者一般要用明确的直线来表现，而后者则要运用类似波浪线或虚线来表现（图 7.8）。

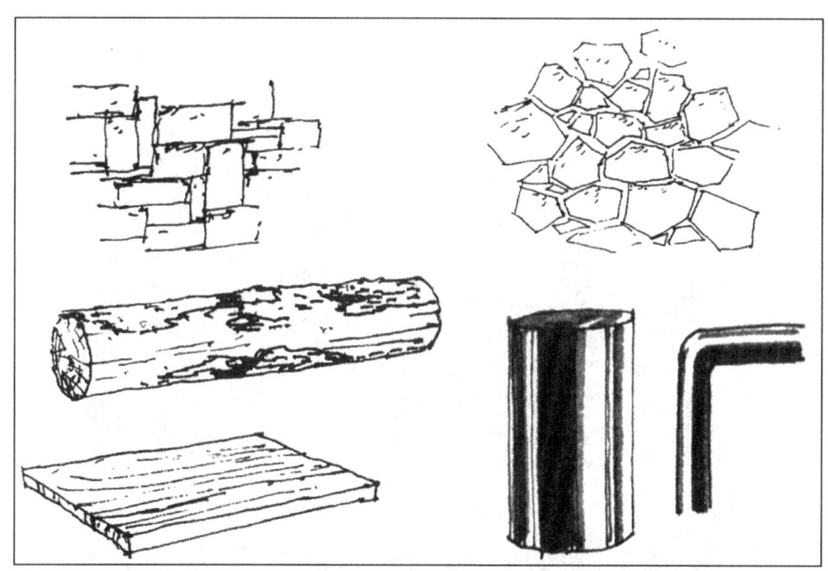

图 7.8　不同线条的运用

3. 钢笔画的基本形式

（1）以线条为主（图 7.9）。

图 7.9　以线条为主的植物画法

（2）以调子为主（图 7.10）。

图 7.10　以调子为主的画法

（3）线条加调子（图 7.11）。

图 7.11　线条加调子的植物画法

7.3　色彩的表现

色彩在效果图表现技法中，占有很重要的位置。设计师所要表现的空间环境，是冷色调还是暖色调，以及在设计中所要体现的材料色泽、质感都需要用色彩表现出来。

7.3.1　色彩的处理

我们所体会到的万千的事物，构成五光十色的生存空间。这个“色”字，是由太阳光被物体反射到我们眼球产生的影像。色彩学上多采用红、橙、黄、绿、青、紫这六个标准色。色彩具有三种属性，这些属性在我们一开始接触美术时就已经有所了解，即色彩的色相、明度及彩度。姹紫嫣红绚丽的色彩，均是由于这三个属性发生了变化（图 7.12）。

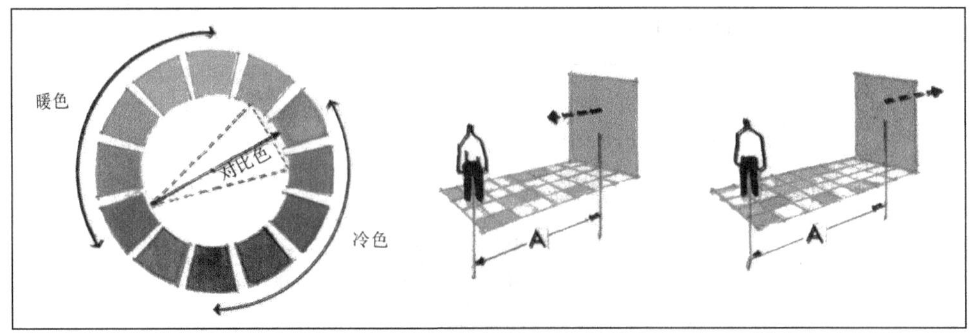

图 7.12 色彩的冷暖关系

那么如何在绘画中使万千的色彩得到恰到好处的处理和运用呢？

1. 色彩的混合与补色

绘画色彩的混合调配原则上应注意以下两点。

1）自然物象的色彩十分丰富复杂，但再变也离不开红、黄、青、褐、绿这五大色系。应尽量掌握用种类有限的色彩，调出丰富多样的色彩。

2）同一色块的调配混合色不宜过多，三四种以上的复合色调和在一起形成的颜色，其色相就变得不明确，而且调和色越多，就越显得“脏”、“灰”。

由两种颜色等量混合成的颜色发黑发暗时，这两种色彩即为互补关系。如红与绿、黄与紫、青与橙等都互为补色。补色在绘画中的作用非常重要，物体明暗面的色彩关系往往是互为补色关系。如果要画面上某一色彩强烈些，可在它的近旁用其补色加以衬托。相反，如果要削弱画面上某一过强的色彩，同样可稍调入一些其补色。

2. 色彩的对比

色彩的对比包括色相的对比、明度和纯度的对比、冷暖的对比。

运用色彩对比的手法，在画面上通过与周围色彩的对比，可以使画面上的主物体更突出、更响亮。

色彩明度对比在绘画时通常用于画面层次关系与黑、白、灰关系的对比处理。上色顺序一般是：先上各部明暗面的基本大色块，中间调子的大色块同时跟上，再涂背景及投影的大颜色，待整个画面的颜色关系合适后再深入画细部。画面中的纯度对比可使整个画面增减跳跃感，但要避免在同一个面上有过多的高纯度色彩。

色感倾向与冷暖对比在绘画中应用很广。表现物象的立体感、空间感和质感，不仅要注意色彩的明暗变化，更重要的是要注意观察物象色彩的冷暖变化。

3. 色彩的心理感应

不同的色彩给人的冷暖感、膨胀收缩感、远近距离感、轻重软硬感、华丽朴素感截然不同。此外，色彩还可以引起人们的一些联想。例如，红色代表热烈、喜悦、兴奋等；黄色代表明快、活泼、警戒等。

7.3.2 色彩的表现

1. 水粉画

水粉画（图 7.13）的表现与水彩用色的最大区别是，水粉色调色时大量使用白粉，而水彩调色反之。水粉颜料与白粉混合，覆盖力强，能产生比水彩复色还要丰富得多的复色。上色顺序是先上重色后上浅色。在绘画过程中上色次数不宜过多，避免画面变脏（图 7.14）。

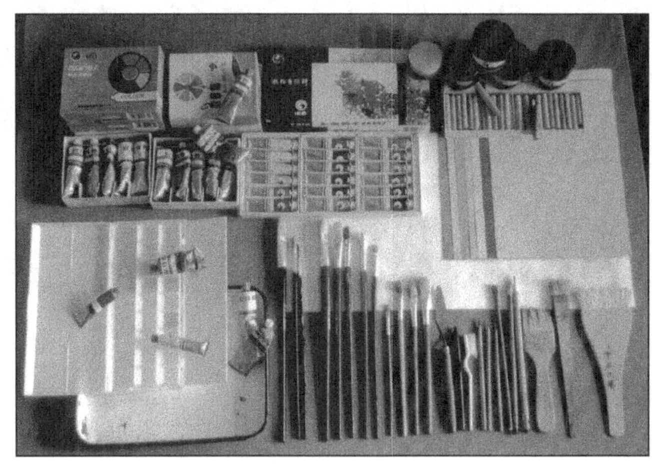

图 7.13 水粉画

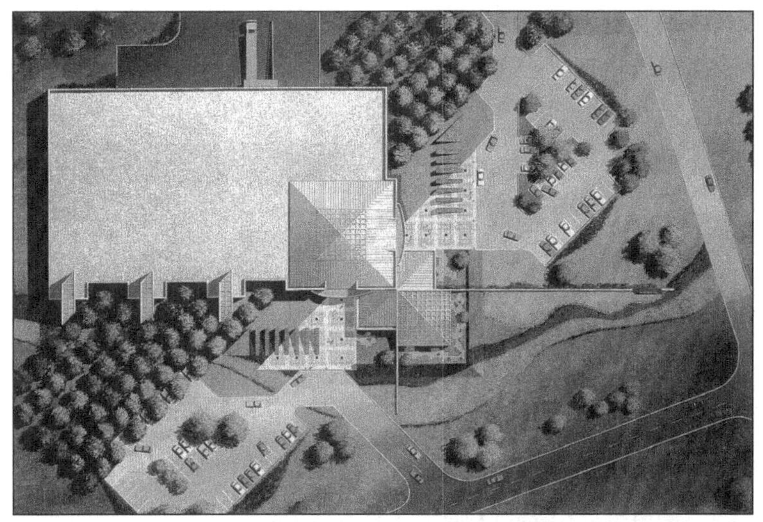

图 7.14 水粉表现平面图

2. 水彩画

水彩颜料与水粉颜料相比具有较高的透明度，水彩画与水粉另一个不同之处在于水彩尽量利用画纸的白色与画纸的纹理表现。这种透明的画法在艺术上最突出的技法特点是简洁、流畅、透气、轻松、痛快、明亮、润泽、活泼（图 7.15）。

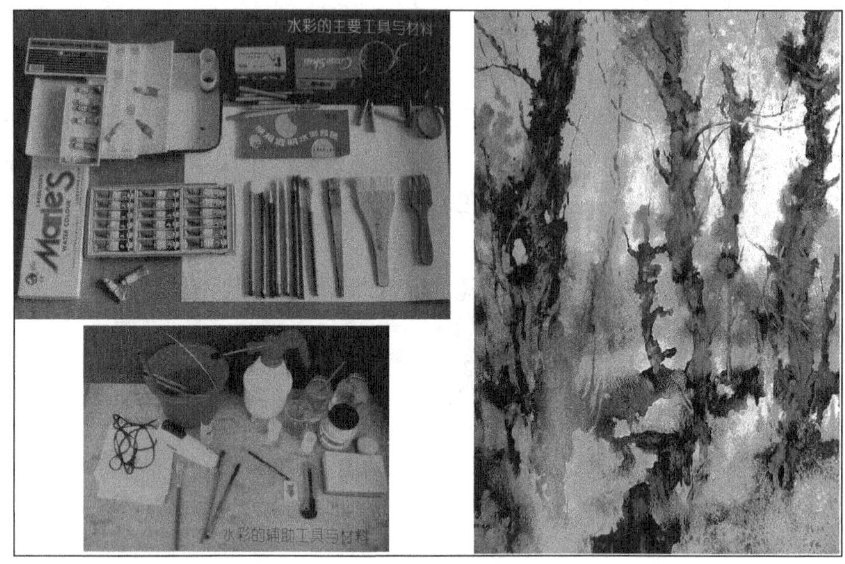

图 7.15　水彩表现

水彩画根据水分运用的不同，主要有干、湿两种画法。

3. 马克笔表现

马克笔(图 7.16)色彩鲜艳、明快、透明度高，多用于快速表现和小幅画面表现。使用马克笔作画要注意几点：首先是马克笔的色彩种类尽量齐全，但由于此类画笔较贵，所以一般都结合水彩作画。马克笔的笔触表现好的话，是一种很美的艺术语言。作画时要注意疏密结合，讲究一定的用笔技巧(图 7.17 和图 7.18)。

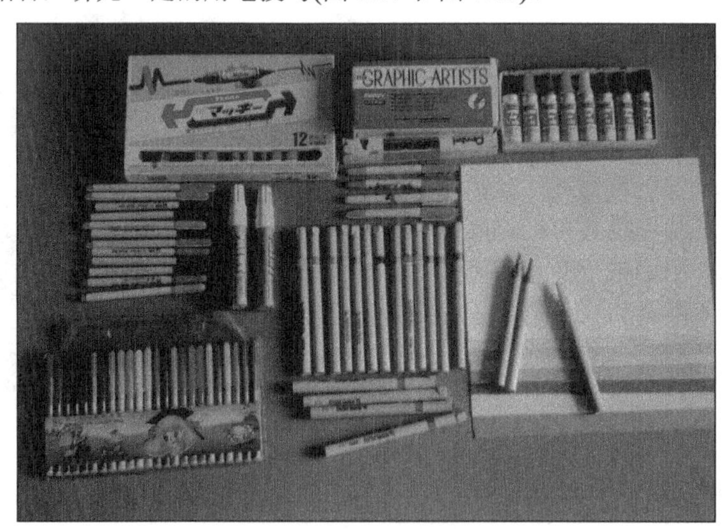

图 7.16　马克笔工具

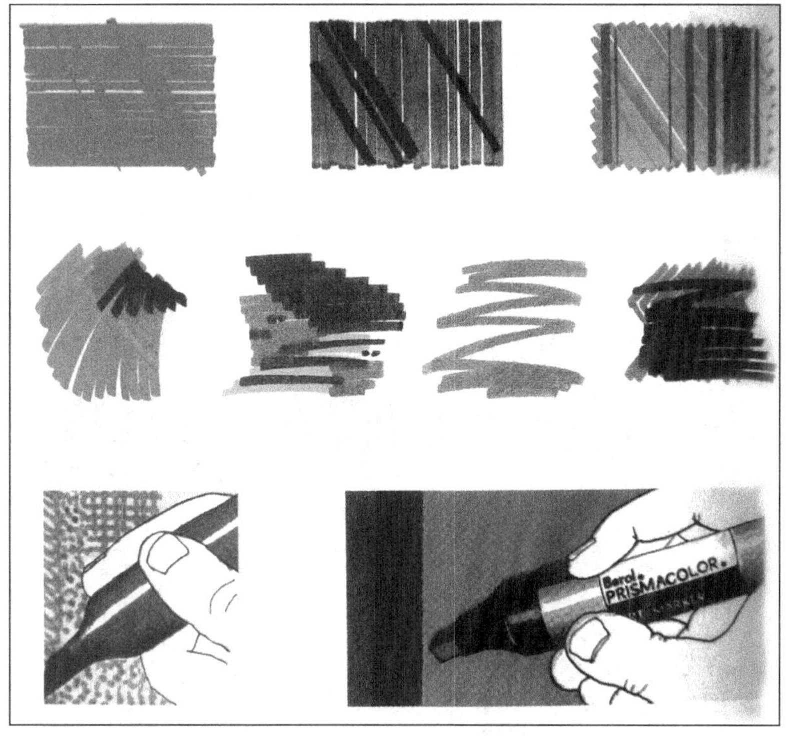

图 7.17 马克笔表现技法

图 7.18 马克笔表现植物

7.3.3 园林着色的步骤

1）以铅笔起草稿，定稿后，再以针管笔勾墨线。勾画顺序是从前景开始往背景画，从外往里画。勾出明暗关系，刻画尽量细致。

2）着色方法各式各样，先定一个基调，由淡到深，从一个色系到另一个色系，最后再深入调整。铺上第一层颜色之后就定下画面的“黑”、“白”、“灰”。

3）在适当的部分加上点缀色和画面的主色调中的对比色，其他部分继续刻画。

4）主要刻画主体景物，统一整幅画的色调，加上阴影、倒影，使画面有层次和立体感。

7.3.4 综合绘画

一般有以下几种搭配：钢笔与马克笔，钢笔与彩铅或水溶彩铅，钢笔与水彩淡彩，炭笔与色粉与马克笔，钢笔与马克笔、水彩、水粉的综合(图 7.19 和图 7.20)。

图 7.19 综合表现一

图 7.20 综合表现二

7.4 肌 理

肌理又称质感。由于物体的材料不同，表面的排列、组织、构造不同，因而产生粗糙感、光滑、软硬感。质地、手感、触感、织法、性质、纹理等说法，都可包括在肌理之中。能够实际触摸的称为“触觉肌理”；只能看不能触摸出差别的称为“视觉肌理”，如从照片或印刷品上感受到的肌理即是。

肌理的创造方法如下。

1）笔触的变化：利用笔触的粗、细、硬、软、重以及笔触的不同排列，描绘出不同的肌理效果（图 7.21）。

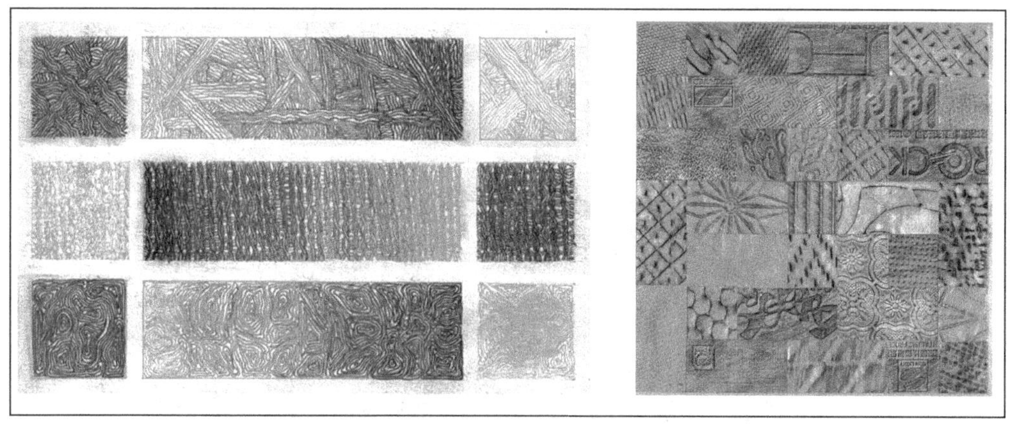

图 7.21 各种不同的肌理表现

2）印拓：用油墨或涂料在雕刻及自然形成的凹凸不平的表面上，然后印在图面上，便会形成古朴的拓印肌理。

3）喷绘：用喷笔或用金属网与牙刷，把溶解的颜料刷下去后，色料如雾状的喷在纸上。

4）染：具有吸水力强的表面，可用液体颜料进行渲染、浸染，颜料会在表面自然散开，产生自然优美的肌理效果。

5）纸张：各种不同的纸张，由于加工的材料不同，本身在粗细、纹理、结构上不同，或人为的折皱、揉产生特殊的肌理效果。

各种材料肌理表现如图 7.22 和图 7.23 所示。

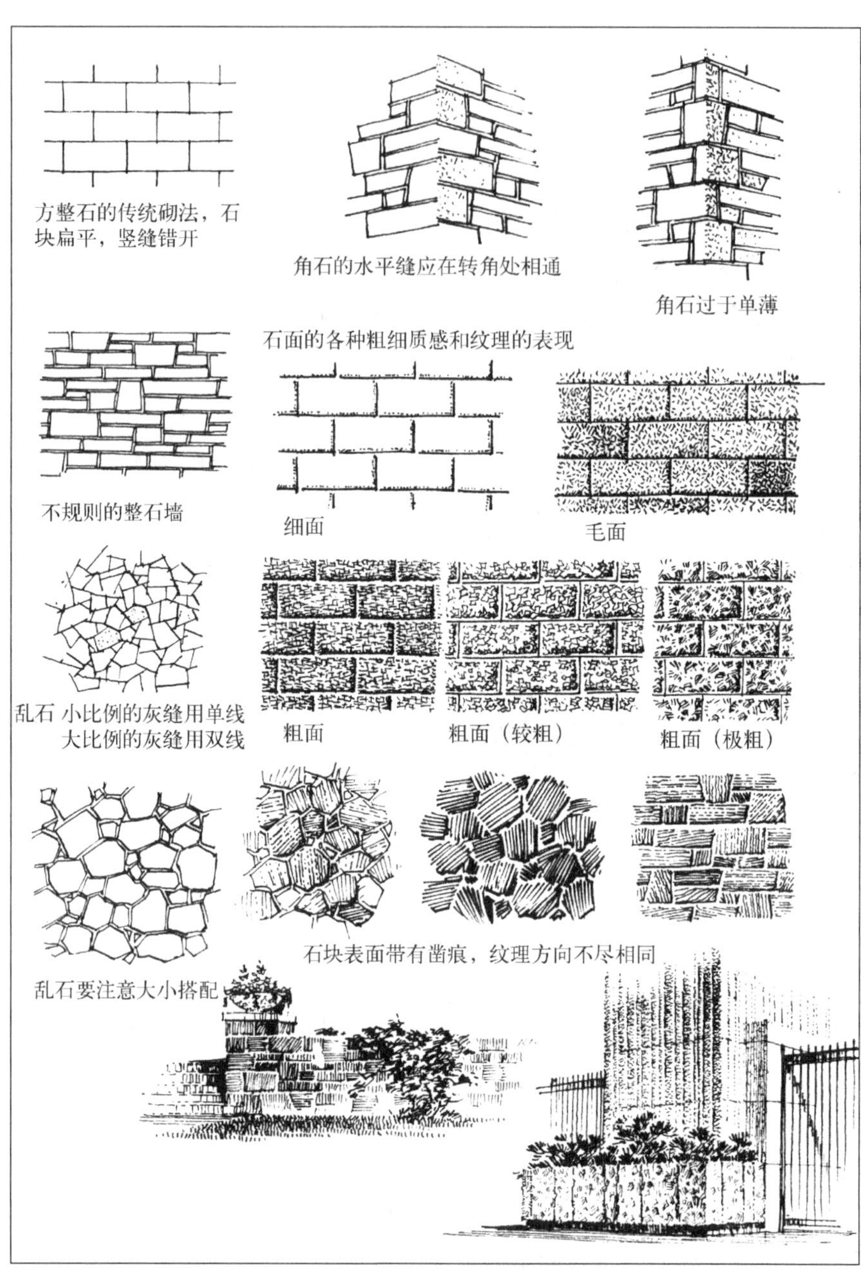

图 7.22　砖墙的肌理表现

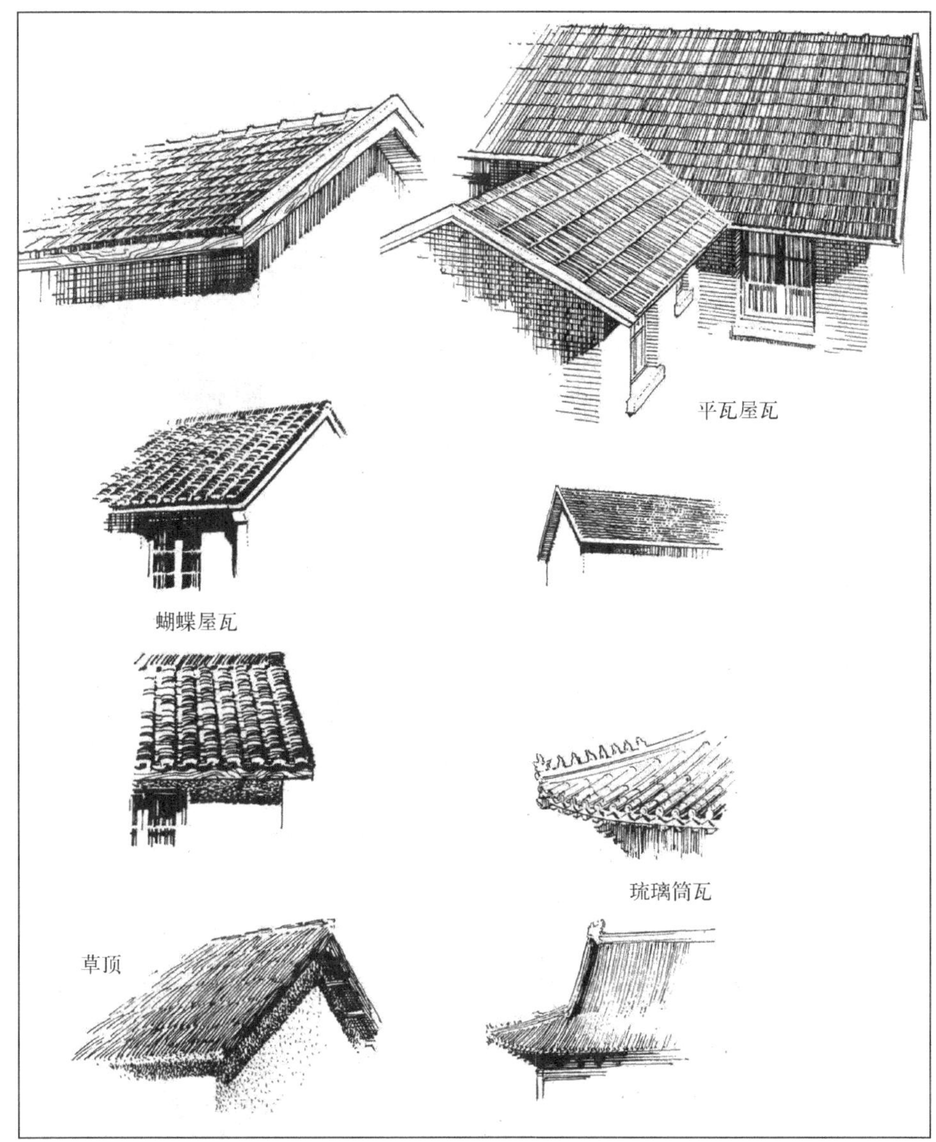

图 7.23　屋瓦的肌理表现

7.5　光与投影

有了光就产生明暗，产生阴影。在画面上有了明暗光影的变化，可产生立体感和空间感，使对象的体形及所在的空间位置一目了然。如图 7.24（a）所示为白插花饰，用线虽有粗细之分，但无从判别它的高低起伏变化。右图有了光影明暗的效果，花饰就有了明显的立体感。

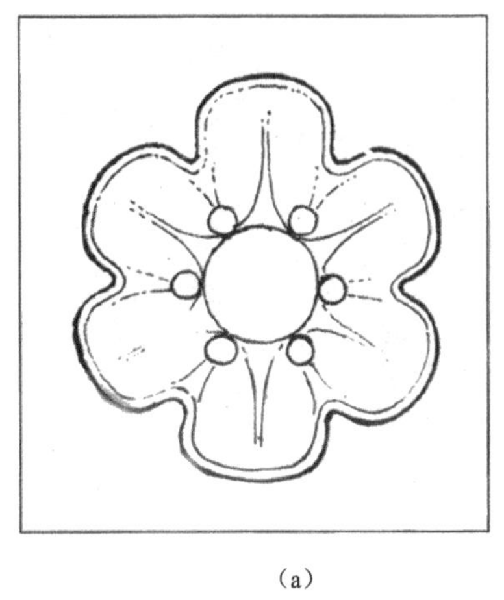
(a)

(b)

图 7.24　白插花饰

7.5.1　光影的作用

1. 表现一定的空间距离

如图 7.25（a）所示有了光影可以明确地看出门廊的深度、出檐的宽度和左侧树木离墙的大致距离。如图 7.25（b）所示的南京长江大桥，在此鸟瞰图上，除引桥外看不出铜梁正桥和铁路引桥桥墩的高度，有了阴影它的高度基本上就显示出来了。

(a)　(b)

图 7.25　光影表现距离

2. 表现对象的体形及其与落影面的空间关系

如图 7.26（a）所示的明暗阴影中，可看出 A 是一圆锥形灯，B 是有高树干的球形树，C 是圆锥形树。

如图 7.26（b）所示由窗影可看出窗扇有两扇是打开的，且与墙面成一定角度。

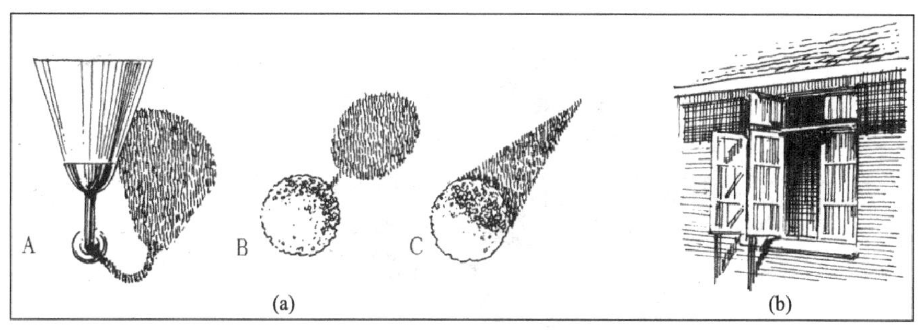

图 7.26　光影表现与落影面的关系

3. 表现落影物体的体形

如图 7.27 和图 7.28 所示为光影表现落影物体的体形。

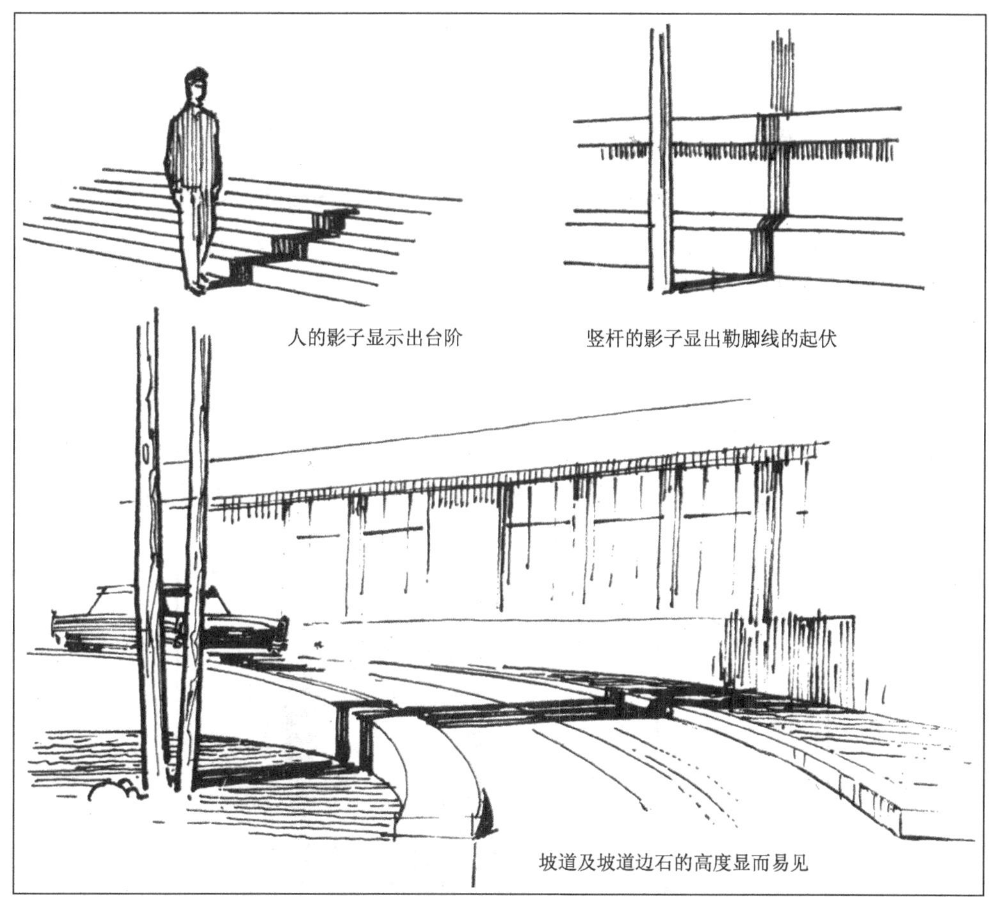

图 7.27　光影表现落影物体的体形

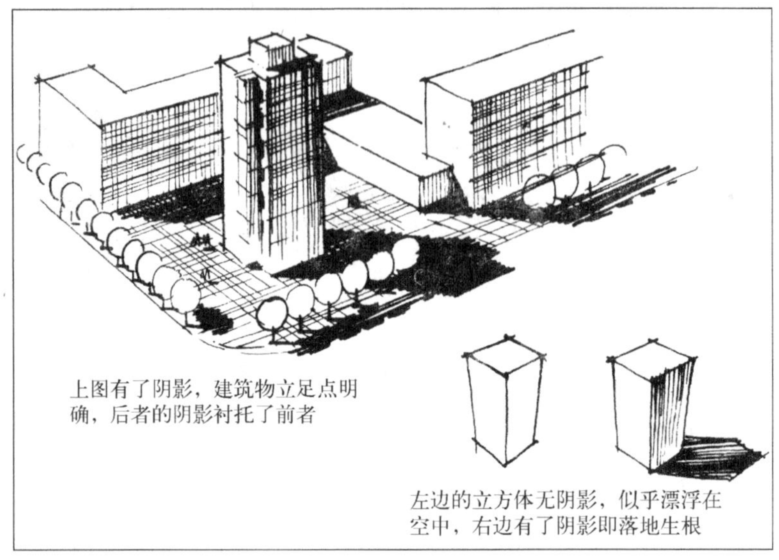

图 7.28 光影作用（一）

7.5.2 受光面和暗面的退晕

通过仔细观察，可以发现受光面和阴影面并不是明暗均匀的，它们受各种环境条件的影响而产生明暗上的退晕。因此，合理运用退晕效果，可以做到以下几方面。

① 使得建筑物与环境取得统一和和谐的效果。

② 有助于产生空间感、高度感、距离感。

③ 增加光感。

④ 打破单调，增加生动感。

产生退晕的因素有以下几个。

1）反光：如图 7.29 所示为一简单的分析图，光线反射后所经距离不同产生不同的亮度，反射光的亮度与距离成反比。

图 7.29 光影作用（二）

2）透视所产生的退晕：连续的有规则的凹凸面在透视上所显露的阴影面和亮面的变化，可在总效果上产生退晕。如图 7.30 甲所示左边所见的阴暗面多，右边看不见阴面，故产生由左至右由暗至明的退晕；图乙同样，由上至下产生退晕。

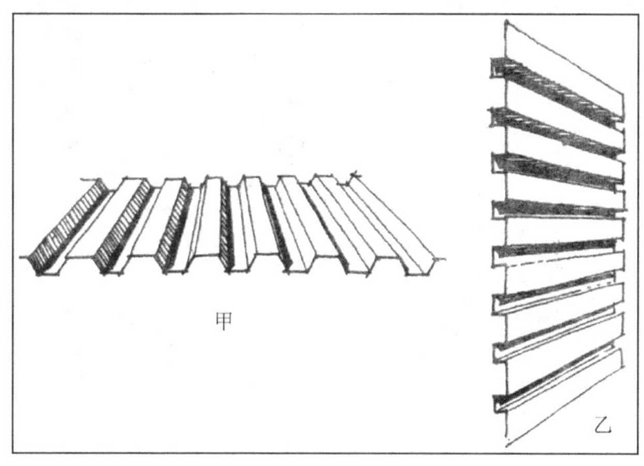

图 7.30 光影作用（三）

3）距离所产生的退晕：因大气中存在水汽与尘埃，物体的暗部的深度和清晰度与距离成反比。掌握此原则，则易于表现画面上的空气感和距离感（图 7.31）。

图 7.31 光影作用（四）

4）因与人工光源的距离差异而产生的退晕：人工光源的照明在距离上的亮度差异很大。图 7.32 所示为一夜景，亮度的退晕效果很明显。

图 7.33 所示是建筑物与环境在光影和色调上各种变化的表现图。

图 7.32 光影作用（五）

图 7.33 建筑物与环境在光影和色调上的各种变化

7.5.3　阴影的形成与表现

在光线的照射下，物体会在墙面、地面或其他物体上映射形成阴影，当然，物体的某部分由于遮挡光线，也会在该物体本身的其他部分映射形成阴影。阴影的形成需要 3 个条件：①一个光源；②一个形成阴影或阻挡光线的物体；③一个可形成落影的表面（图 7.34）。

在绘制物体时，除了要画准形体结构，把握形体尺度和透视关系，还应画出物体的阴影，以便增强物体的立体感，使画面更生动、更逼真、更富表现力（图 7.35）。

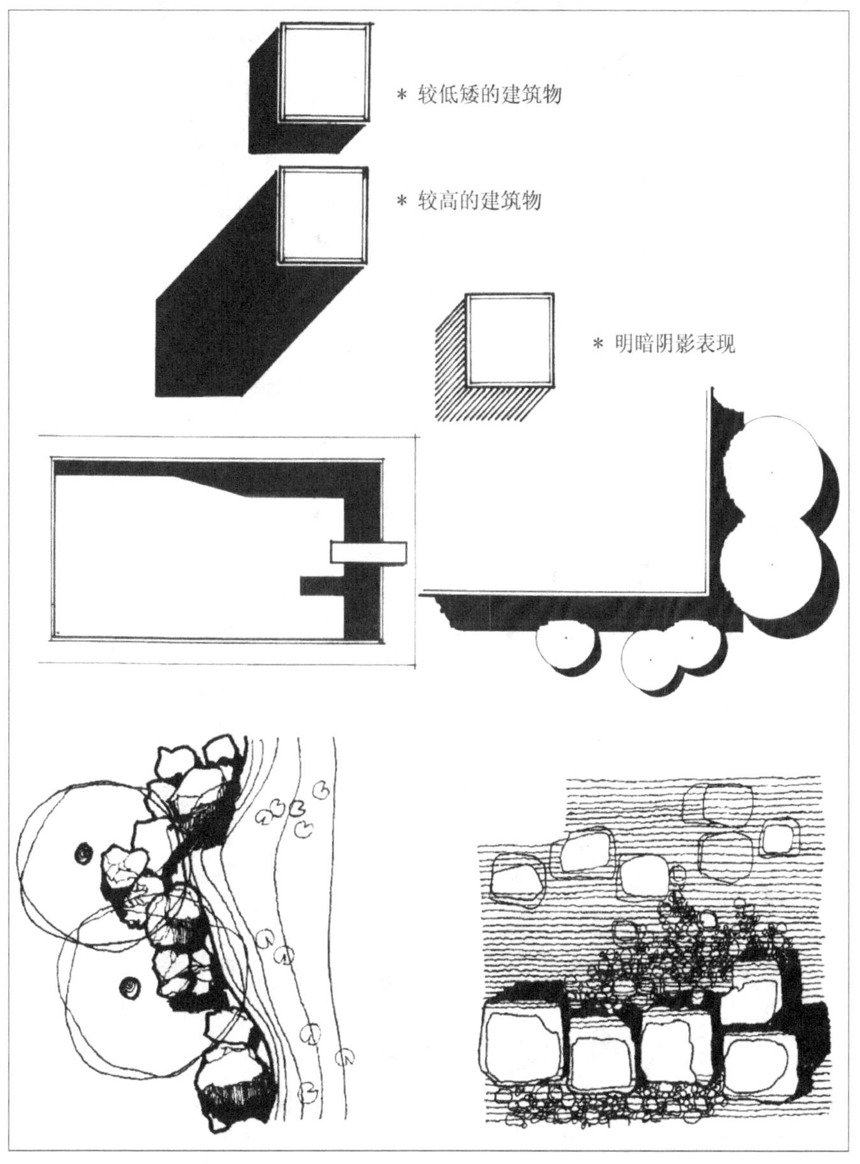

图 7.34　阴影画法

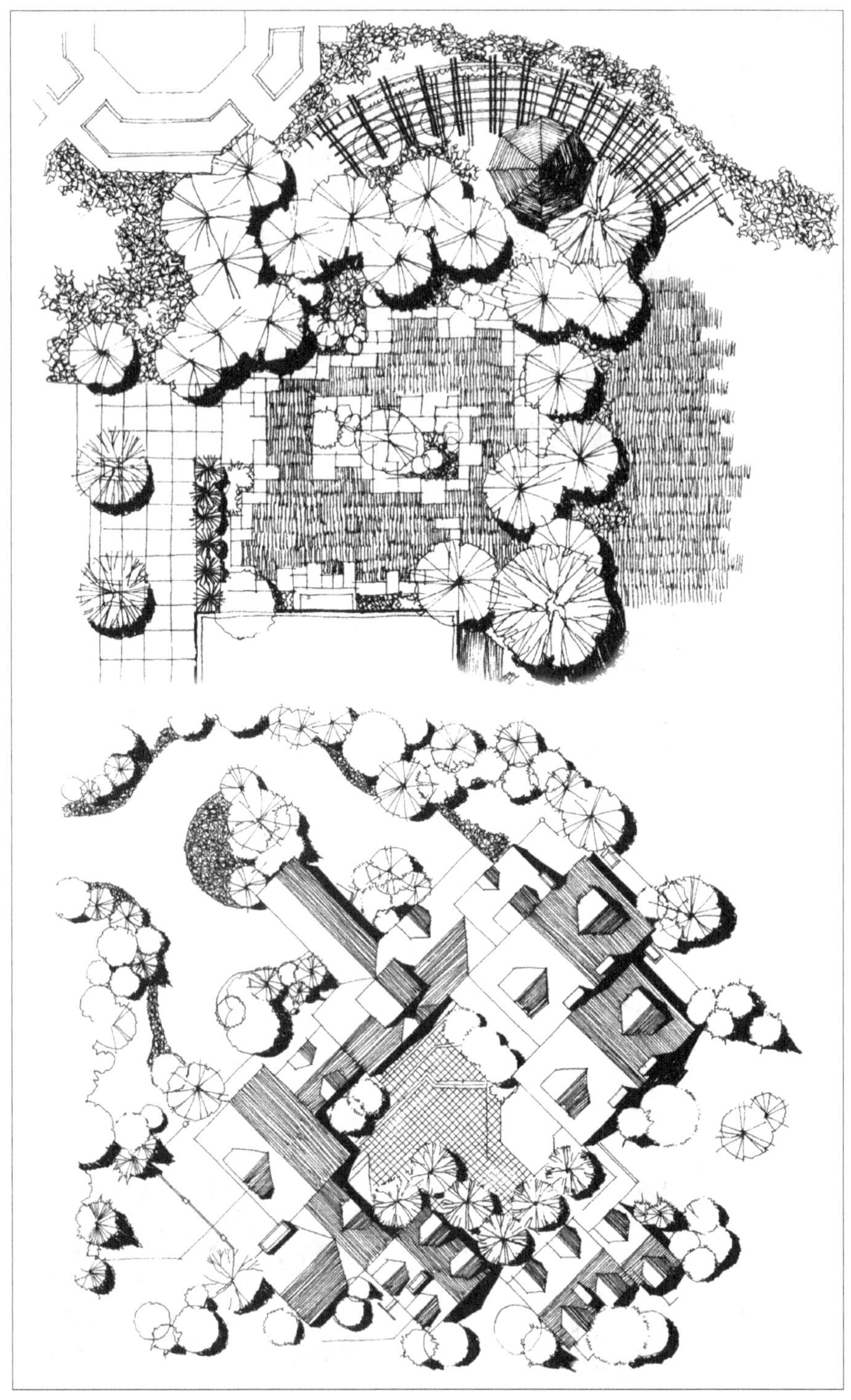

图 7.35　阴影表现

7.6　计算机辅助设计

现代技术孕育的计算机技术，标志着人类科学技术取得了巨大的进步。计算机技术的飞跃有力地推动了生产力的发展，影响着人们的生产方式、生活方式、思维方式。它不仅改变着人们对自然的认识，而且或迟或早地、直接或间接地冲击着人们对社会、对美、对艺术的再认识。园林设计作为人类的一项活动，同样遭遇到计算机运用所带来的冲击。

计算机的应用对设计师提出了空前的挑战。计算机技术实现了设计师梦寐以求的模拟表现能力，在建造前能形象地观察自己的设计，更容易地将设计思想传达和呈现在业主和公众面前。过去，设计师必须像美术师那样，依靠精湛的透视图来直观地表达他们的设计，在绘图板上用二维平面图、剖面图来推敲空间的结构，或者按比例制作一个微缩模型考察设计的可能性。计算机技术使设计师能从繁杂的重复劳动中解放出来，将更多的精力投入到方案的构思和推敲上，同时也正改变着我们的创造思想方法，造就一代新的文化。现在，国内外绝大多数建筑设计院、事务所和高等学校建筑系已普遍运用了渲染软件、CAD 等进行设计创作（图 7.36）。

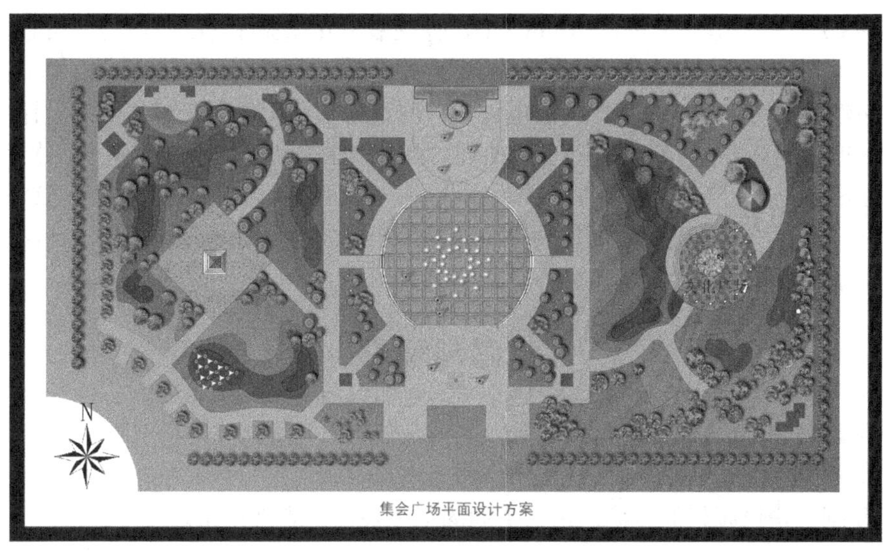

图 7.36　计算机表现（一）

下面介绍两种常用的计算机辅助设计软件。

（1）3D 系列软件

三维制作软件的历史由来已久，从最早的 3DS 到 3D Studio MAX，再到功能强大的 Maya，它已发展了众多的版本，现在拥有用户群最多的当属 3D Studio MAX。这已经是一个相当成熟的软件了(图 7.37)。

图 7.37 计算机表现（二）

（2）AutoCAD 系列软件

作为 CAD 产业旗帜产品的 AutoCAD，伴随着近年来整个 PC 产业的突飞猛进，已完全改变了人们从事设计和绘图的基本方式。近年来，AutoCAD 已广泛应用于各设计领域，如建筑、结构、室内装修、水电设计、城市规划等，由于在园林规划设计中，总平面图的地形复杂多变，花草树木多为曲线，而园林建筑和建筑小品面积小，体形复杂，立面变化丰富，应用 CAD 绘图时不易发挥优势，因而在园林规划设计中，CAD 的应用一直未能得到推广。通过几年的发展 AutoCAD 开始被用来绘制园林规划设计图，并且取得了不错的效果。

思考与练习

1. 用线条表现出部分的材质。
2. 运用钢笔速写技法，表现校园一角。
3. 复制几份已画好的线稿，运用不同的上色技法，表现出来。

第8章

植物景观设计实例

学习目标：随着环境建设备受重视，各地园林绿化建设步伐加快，很多好的园林建设已能将人与大自然很好地协调，将历史文化内涵再现出来，对园林设计的植物配置把握得恰到好处，园林绿化树种又因有神奇的千姿百态和绚丽的流光溢彩，在营造自然氛围、美饰环境空间方面演绎着绿色的乐章。城市综合绿地是城市的有机组成部分，它集中了综合性公园、城市道路、城市广场、居住区和庭院等设施，为城市居民提供了生活、工作和休闲环境。重点对中西方庭园的类型、风格、现代公共空间绿化、私人空间绿化等内容进行讲解，目的是让学生在面对各种庭园空间时，能独立地、有目的地针对不同的空间进行设计。

8.1 综合性公园的植物景观设计

综合性公园是城市园林绿地系统的重要组成部分，它不仅有大片的种植绿地，而且具有供群众游憩活动的设施，是群众性的文化教育、娱乐、休息场所。综合性公园对城市的面貌、环境、保护、市民文化生活起着重要作用。

8.1.1 综合性公园的类型

根据综合性公园在城市中的服务范围可分为全市性公园和区级公园两类。

1. 全市性公园

为全市居民服务，是全市公共绿地中集中面积较大，活动内容和设施最完善的绿地。用地面积依据全市居民总人数而定（图 8.1）。

图 8.1 纽约中央公园

2. 区级公园

在较大的城市中，为一个行政区的居民服务，其用地属于全市性公共绿地的一部分，用地面积按全市居民总人数而定（图 8.2）。

锦绣中华“瘦西湖”景区

埃及阿布辛伯勒神庙

图 8.2 主题公园

锦绣中华“长城”景区

澳大利亚悉尼歌剧院

锦绣中华“象鼻山”景区

法国凡尔赛宫

图 8.2（续）

8.1.2　综合性公园植物配置要点

1. 植物的选择

综合性公园一般面积较大，园内条件比较复杂，功能分区较多，所以选择园林植物不仅要遵循公园植物选择的一般规律，同时也应结合综合性公园的特殊性因地制宜。总体上以乡土特色植物为主，适当引用外来树种，选择既有一定观赏价值，又有较强的抗病虫害能力和易于养护管理的树种。

2. 植物造景布局

根据公园性质、当地自然条件、城市空间特点，做到乔、灌、木、草相结合，创造出优美的景观。做到既要充分发挥绿化、防护、遮荫功能（图 8.3），又要满足游人在冬春季节能在园内享受到足够的阳光。

图 8.3　公园植物造景

首先，选择 2～3 个树种，形成一个统一的基调。再进行常绿或落叶树的合理搭配。北方常绿树为 25%～30%，落叶树为 50%～70%；南方常绿树为 70%～90%。在树木搭配时，混交林占 70%，纯林占 30%。同时，不同的分区及公园如入口处，植物搭配应富有变化。

8.1.3　公园分区植物造景

综合性公园在功能上划分为：科普及文化娱乐区、游览休息区、公园管理区、体育活动区，各分区以公园出入口、园路、广场连接成整体。必须依据各部分自身的特点进行植物配置，以尽可能充分发挥各自的功能作用。

1. 公园出入口

公园的出入口大多和城市的主干道相连接，同时出入口也是公园的标志，因此植物造景不但要和街景相协调，使街景到公园的过渡合理、协调，同时，突出大门特点并丰富街道景观。大门外部选择适当的绿篱植物，分割、阻隔、围合空间，并形成一定的区域感（图 8.4）。大门内部可用花坛、灌木或小品雕塑结合导游图设计。

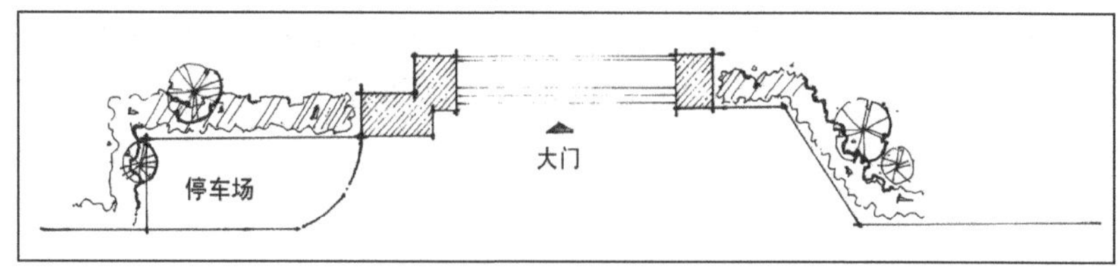

图 8.4　公园的出入口

2. 园路

公园园路分为主干道、次路和小道。

主干道：可选用高大、冠大荫浓的乔木作行道树，道路两侧用耐阴花卉植物造成花境，但在布置上有利于交通，并结合地形、建筑和风景的需要起伏变化（图 8.5）。

图 8.5 园路主干道

次路：伸入到公路的各个角落，其绿化要丰富多彩、移步换景（图 8.6）。

图 8.6 园路次路

小道：可随意自然些，根据地形起伏曲折变化，在植物布局上做到种类有变、疏密有变、层次有变。

3. 广场

公园广场在功能上主要供游人休息、停车之用，空间布局上是公园整体布局中所谓

“疏密有间”中“疏”的部分。因此，配置植物时，广场四周可配置乔木供遮荫之用，并用绿篱作必要的分区、隔离，广场中央可布置花坛、草坪、花灌木，形成宁静、区域感强的休息空间（图8.7）。

图8.7　公园广场

4. 分区植物造景

（1）科普文化娱乐区

一般地形平坦开阔，游人集散量大，绿地应以花坛、草坪为主，适当孤植几株常绿大乔木，尽可能少用灌木，以免阻隔视线，影响交通。同时，植物要和文化娱乐小品结合，应用垂直绿化，既美观又遮荫。娱乐区、儿童活动区可选用黄、橙、红等暖色调植物、花卉，营造出轻松、活泼的气氛。

（2）休息游览区域

在植物配置上根据地形的高低起伏和天际线的变化，采用自然式配置树木，密林和疏林相结合，在林中空地设置草坪、亭、廊、花架等休闲设施。如花架、廊、亭可用垂直绿化，休息座椅处可适当种植高大、成荫效果好的乔木。

（3）公园管理区域

这一区域在公园中的面积并不大，但在绿化上应当首先满足管理功能的需要，同时还要因地制宜，并使景观和公园相协调。

（4）体育活动区域

在植物选择上不妨碍体育运动，不选用落花、落叶、落果和其他有污染物产生的植物。在体育活动区的周边可栽植高大乔木和防护灌木，起庇荫和防护功能。

8.1.4　园路规划与植物景观营造

公园道路是全园的骨架，具有组织游览路线、连接景观区等重要功能。道路植物配置无论从植物品种的选择还是搭配形式（包括色彩、层次高低、大小面积比例等）都要比城市道路配置更加丰富多样，更加自由生动。

公园道路分为主路、次路和小路。主路绿化常常代表绿地的形象和风格，植物配置应该引人入胜，形成与其定位一致的气势和氛围。如在入口的主路上定距种植较大规格的高大乔木，如悬铃木、香樟、杜英、榉树等，其下种植杜鹃、红花木、龙柏等整形灌木，节奏明快富有韵律，可形成壮美的主路景观。绿地的次干道常常蜿蜒曲折，植物配置也应以自然式为宜。沿路在视觉上应有疏有密，有高有低，有遮有敞。形式上有草坪、花丛、灌丛、树丛、孤植树等，游人沿路散步可经过大草坪，也可在林下小憩或穿行在花丛中赏花。竹径通幽是中国传统园林中经常应用的造景手法，竹生长迅速，适应性强，常绿，清秀挺拔，具有文化内涵，至今仍可在现代绿地见到。风景区、公园、植物园中的道路除了集散、组织交通外，主要起到导游作用。园路的宽窄、线路乃至高低起伏都是根据园景中的地形以及各景区相互联系的要求来设计的。一般来讲，园路的曲线都很自然流畅，两旁的植物配植及小品也宜自然多变，不拘一格。游人漫步其上，远近各景可构成一幅连续的动态画卷，具有步移景异的效果。

园路的面积占有相当大的比例，又遍及各处，因此两旁植物配植的优劣直接影响全园的景观，现列举几个公园中的园路面积如下。

1. *主路旁植物配植*

主路是沟通各活动区的主要道路，往往设计成环路，宽 3～5m，游人量大。

平坦笔直的主路两旁常用规则式配植。最好植以观花乔木，并以花灌木作下木，丰富园内色彩。主路前方有漂亮的建筑作对景时，两旁植物可密植，使道路成为一条甬道，以突出建筑主景。入口处也常常为规则式配植，可以强调气氛。如庐山植物园入口两排高耸的日本冷杉，给人以进入森林的气氛。

蜿蜒曲折的园路（图 8.8），不宜成排成行，而以自然式配植为宜，沿路的植物景观在视觉上应有挡有敞，有疏有密，有高有低。景观上有草坪、花地、灌丛、树丛、孤立树，甚至水面、山坡、建筑小品等不断变化。游人沿路漫游可经过大草坪，也可在林下小憩或穿行在花丛中赏花。路旁若有些微地形变化或园路本身高低起伏，最宜进行自然式配植。若在路旁地形隆起处配植复层混交的人工群落，最得自然之趣。如华东地区可用马尾松、黑松、赤松或金钱松等作上层乔木；用毛白杜鹃、锦绣杜鹃、杂种西洋杜鹃作下木；用络石、宽叶麦冬、沿阶草、常春藤或石蒜等作地被。游人步行在松树下，与杜鹃擦肩而过，顿觉幽静、优美异常。路边无论远近，若有景可赏，则在配植植物时必须留出透视线。如遇水面，对岸有景可赏，则路边沿水面一侧不仅要留出透视线，在地形上还需稍加处理。要在顺水面方向略向下倾斜，再植上草坪，诱导游人走向水边去欣赏对岸景观。路边地被植物的应用不容忽视，可根据环境不同，种植耐阴或喜光的观花、观叶的多年生宿根、球根草本植物或藤本植物。既组织了植物景观，又使环境保持清洁卫生。

图 8.8 园路

2. 次路与小路旁植物配植

次路是园中各区内的主要道路，一般宽 2～3m，小路则是供游人漫步在宁静的休息区中，一般宽仅 1～1.5m。次路和小路两旁的种植可更灵活多样，由于路窄，有的只需在路的一旁种植乔、灌木，就可达到既遮荫又赏花的效果。如广州中山大学的小路，只在一旁种植小叶榕和扶桑。有的把诸如木绣球、台湾相思、夹竹桃等具有拱形枝条等大灌木或小乔木植于路边，形成拱道，游人穿行其下，富具野趣；有的植成复层混交群落，则感到非常幽深。南京瞻园一条小径，路边为主要建筑，但因配植了乌桕、珊瑚树、桂花、夹竹桃、海桐及金钟花等组成的复层混交群落，加之小径本身又有坡度，给人以深远、幽静之感。长江以南常在小径两旁配植竹林，组成竹径，让游人循径探幽。竹径自古以来都是中国园林中经常应用的造景手法。诗中常见“竹径通幽处，禅房花木深”，说明要创造曲折、幽静之感。深邃的园路环境，用竹来造景是非常适合的。竹生长迅速，适应性强，常绿，清秀挺拔。杭州的云栖、三潭印月、西泠印社、植物园内部均有竹径。

8.2 城市道路的植物景观设计

城市道路绿化是道路环境的重要组成部分，也是城市园林系统的重要组成要素，它直接形成城市的面貌、道路空间的性格、市民的交往环境，为居民日常生活体验提供长期的视觉形态审美客体，乃至成为城市文化的组成部分（图 8.9）。

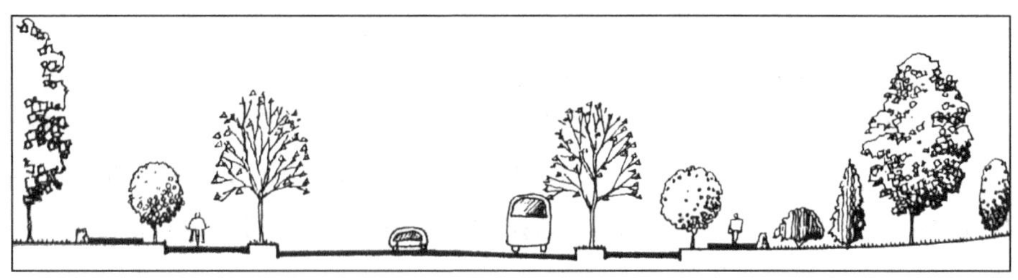

图 8.9 多层次种植的道路绿化

古今中外道路绿化都备受重视。我国早在《汉书》中就记载："道广五十步，三丈而树，厚筑其外隐以金锥，树以青松"，说明 2000 多年前我国已有用松树作行道树。唐代京都长安用榆、槐作行道树，北宋东京街道旁种植了桃李、杏、梨。国外不少国家自古也重视行道树栽植，西欧各国常用欧洲山毛榉、欧洲七叶树、椴、榆、桦木、意大利丝柏、世界爷、欧洲紫杉等。随着城市建设迅猛发展，城市道路增多，功能各异，形成了各种绿带，有些地方也将行道树、林阴道与防护林带共同连成绿色走廊的（表 8.1）。

表 8.1 街道栽植绿化效果的分类

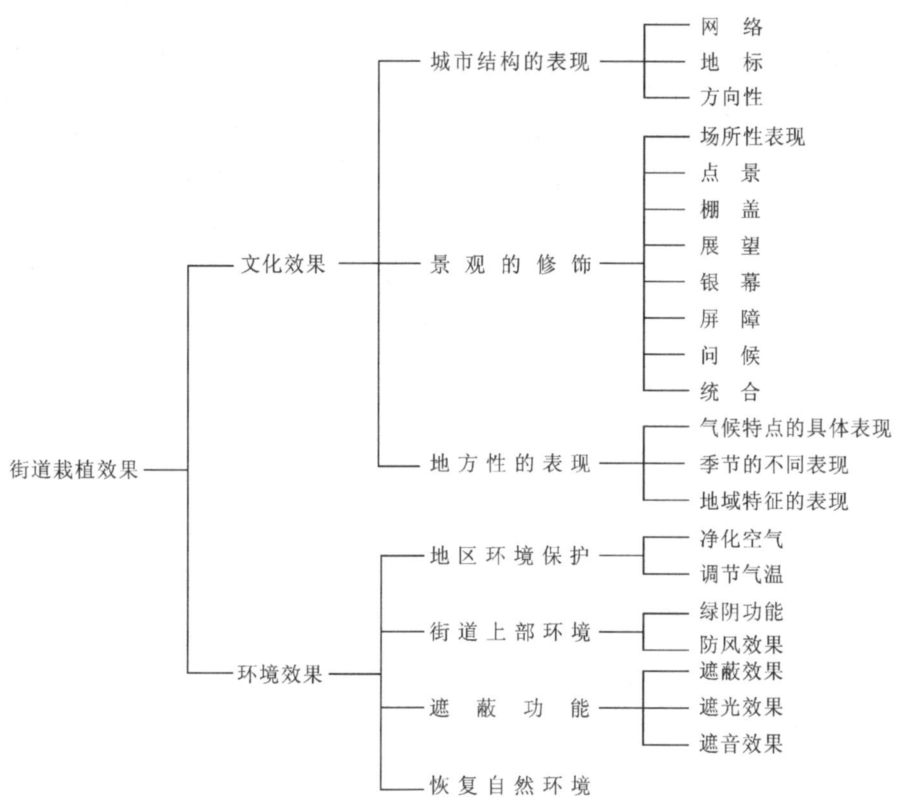

一些发达国家和我国某些城市更把私宅、公共建筑周围的植物景观纳入到街道绿化，并连成一体，构成了整个花园城市，为此大大改善了城市环境条件和丰富了城市的植物景观。城内、城郊各风景区、公园、植物园中还有许多不同级别的园路，其旁的植物配植更是丰富多彩，不拘一格，使园景增色不少。

城市道路的植物配植首先要服从交通安全的需要，能有效地协助组织主流、人流的集散。同时也起到改善城市生态环境及美化的作用。现代化城市中除必备的人行道、慢车道、快车道、立交桥、高速公路外，有时还有林阴道，滨河路、滨海路等。由这些道路的植物配植，组成了车行道分隔绿带、行道树绿带、人行道绿带等（图 8.10）。

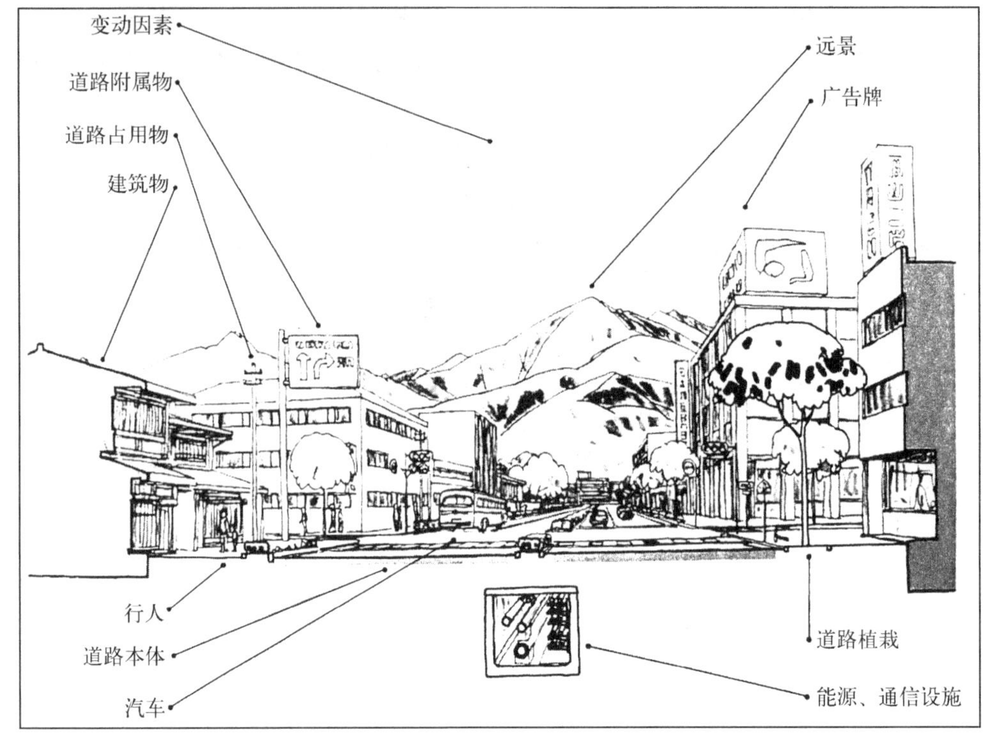

图 8.10 道路景观的构成

8.2.1 高速公路及立交桥的植物配植

随着我国第一条沈阳到大连的高速公路通车，京津塘高速公路也随着通车，证明我国到了高速公路建设的时代。沈大高速公路符合国际高速公路的标准，具有上、下行 4 条以上的车道，中间 3m 的分隔带虽然稍窄些，但仍然可以种植低矮的花灌木、草皮及宿根花卉。一般较宽的分隔带可种植自然式的树种、高速公路两旁则视环境进行专门的植物配植。

英国高速公路的线路常先由园林设计师来选定，忌讳长距离笔直的线路，以免驾驶员感到单调而易疲劳。在保证交通安全的前提下，公路线路的平面设计曲折流畅，左转右拐时，前方时时出现优美的景观，达到车移景异的效果。因此驾车在高速公路上，欣赏着前方不断变换的景色，实在是一种很好的享受。

高速公路（图 8.11）及一般公路立体交叉处的植物配植，在弯道外侧常植数行乔木，以利引导行车方向，使驾驶员有安全感。在两条道交汇到一条道上的交接处及中央隔离带上，只能种植低矮的灌木及草坪，便于驾驶员看清周围行车，减少交通事故，立体交叉较大的面积，可按街心花园进行植物配植。

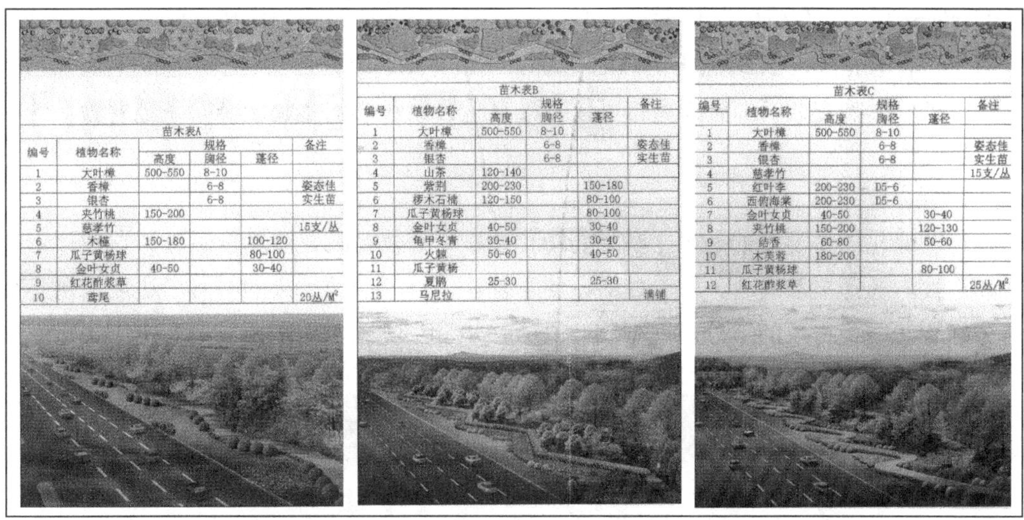

苗木表A

编号	植物名称	规格			备注
		高度	胸径	蓬径	
1	大叶樟	500-550	8-10		
2	香樟		6-8		姿态佳
3	银杏		6-8		实生苗
4	夹竹桃	150-200			
5	慈孝竹				15支/丛
6	木槿	150-180		100-120	
7	瓜子黄杨球			80-100	
8	金叶女贞	40-50		30-40	
9	红花酢浆草				
10	鸢尾				20丛/M²

苗木表B

编号	植物名称	规格			备注
		高度	胸径	蓬径	
1	大叶樟	500-550	8-10		
2	香樟		6-8		姿态佳
3	银杏		6-8		实生苗
4	山茶	120-140			
5	紫荆	200-230		150-180	
6	椤木石楠	120-150		80-100	
7	瓜子黄杨球			80-100	
8	金叶女贞	40-50		30-40	
9	龟甲冬青	30-40		30-40	
10	火棘	50-60		40-50	
11	瓜子黄杨				
12	夏鹃	25-30		25-30	
13	马尼拉				满铺

苗木表C

编号	植物名称	规格			备注
		高度	胸径	蓬径	
1	大叶樟	500-550	8-10		
2	香樟		6-8		姿态佳
3	银杏		6-8		实生苗
4	慈孝竹				15支/丛
5	红叶李	200-230	D5-6		
6	西府海棠	200-230	D5-6		
7	金叶女贞	40-50		30-40	
8	夹竹桃	150-200		120-130	
9	结香	60-80		50-60	
10	木芙蓉	180-200			
11	瓜子黄杨球			80-100	
12	红花酢浆草				25丛/M²

图 8.11　高速公路绿化栽植

1. 高速公路的绿化

高速公路的绿化由中央隔离带绿化、边坡绿化和互通绿化组成。高速公路的植物绿化设计一般强调简洁明快、美观大方，有时也采用自然的方法。同时，还要满足工程技术（封闭作用，防止水土流失）和交通安全的要求。良好的高速公路植物配置可以减轻驾驶员的疲劳，丰富的植物景观也为旅客带来了轻松愉快的旅途（图 8.12）。

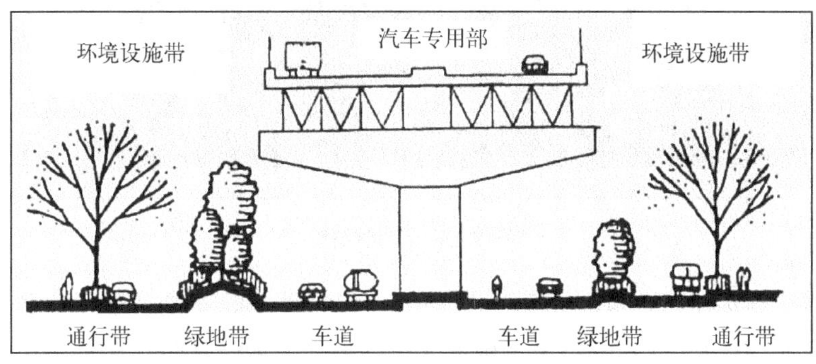

图 8.12　高架路绿化

（1）中央隔离带绿化

中央隔离带内一般不成行种植乔木，避免投影到车道上的树影干扰司机的视线，树冠太大的树种也不宜选用。隔离带内可种植修剪整齐、具有丰富视觉韵律感的大色块绿带，绿带中选择的植物品种不宜过多，色彩搭配不宜过艳，重复频率不宜太高，节奏感也不宜太强烈，一般可以根据分隔带宽度每隔 30～70m 距离重复一段，色块灌木品种选用 3～6 种，中间可以间植多种形态的开花或常绿植物使景观富于变化。中央隔离带两边有 80cm 高的灰色钢制防护栅板，要在中央形成一条比防护栅板更高的绿篱。在这条绿篱中，隔 10m 栽一株比绿篱更高的花灌木或小乔木，形成强烈的节奏感。但冠幅不能太大，以免影响交通。中央隔离带可以打破高速公路色彩的单调乏味，减轻驾驶员的视觉疲劳。

（2）边坡绿化

边坡绿化的主要目的是固土护坡、防止冲刷，其植物配置应尽量不破坏自然地形地貌和植被，选择根系发达、易于成活、便于管理、兼顾景观效果的树种。边坡绿化是高速公路绿化中最重要的部分，包括路、挖方边坡和填方边坡上的绿化（图 8.13）。

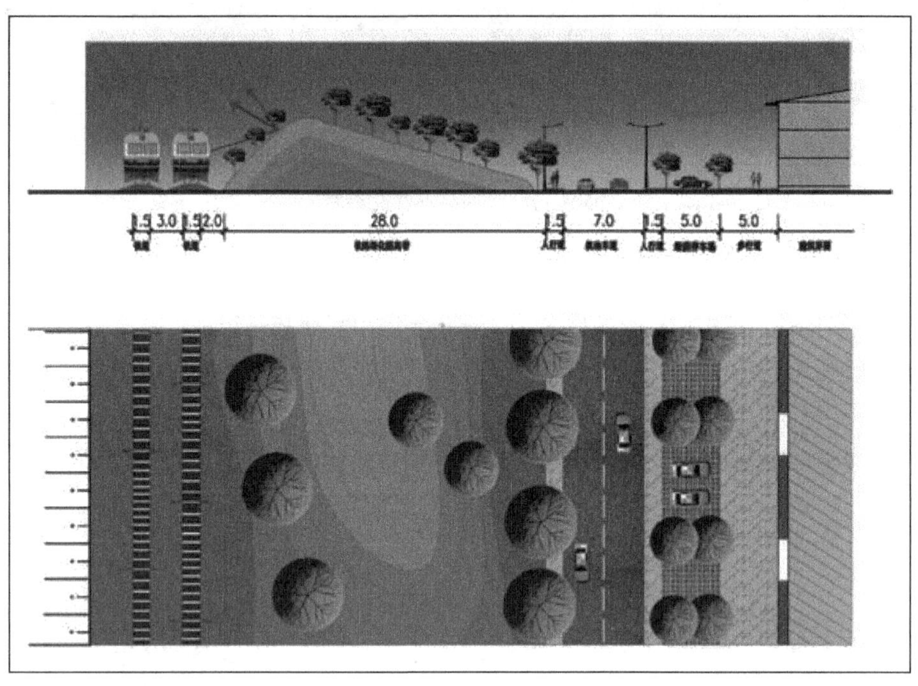

图 8.13　边坡绿化

1）路肩：路肩上的绿化一般采用低矮的球状树种，既不遮挡视线，又可以作为驾驶员的参照物。周边环境差的路段可用乔木进行遮挡；两边风景优美的路段，则以完全敞开为好。

2）边坡：对边坡的景观处理有两种，一种是装饰性处理，利用植物和一些硬质材料把边坡绿化图案化；另一种是自然化处理，使边坡和自然地形衔接，尽量不破坏自然地形、地貌和植被。种植方式采用本土植物自然式种植，融入周边环境。边坡除了考虑视觉效果外，还要考虑防止水土流失、吸音、防尘、净化有害气体等功能。

（3）互通绿化

互通绿化位于高速公路的交叉口，最容易成为人们视觉上的焦点，其绿化形式主要有两种：一种是大型的模纹图案，花灌木根据不同的线条造型种植，形成大气、简洁的植物景观；另一种是苗圃景观模式，人工植物群落按乔、灌、草的种植形式种植，密度相对较高，在发挥其生态和景观功能的同时，兼顾了经济功能，为城市绿化发展所需的苗木提供了有力的保障。

在高速公路交叉口或出入口都有互通，由于互通相当于一个景观节点，因而是高速公路上最为引人注目之处。

互通的形式一般都比较相似，运用一些圆滑的曲线，形成多角度均可看到的动态景观，同时要注意视线的通透性，以保证交通安全。

2. 立交桥绿化

立交桥的绿化和高速公路互通绿化大致相似，不同的是桥体对植物生长的影响。立交桥形体线条流畅，互相交错，给人以强烈的动感，但同时立交桥体量巨大，超大的尺度产生冷漠感，缺乏亲和力。所以立交桥的植物配置，一方面增强立交桥线流畅的特点，另一方面通过垂直绿化掩盖其巨大的体量、减弱由此产生的压抑感。立交桥的阴影对植物的生长产生一些负面影响，因此，宜选用一些耐阴、适应性强的植物，如麦冬、蜘蛛兰、一叶兰等。

8.2.2 车行道分隔绿带

车行道分隔绿带指车行道之间的绿带。具有快、慢车道共三块路面者有两条分隔绿带；具有上、下行车道两块路面者有一条分隔绿带。绿带的宽度国内外很不一致，窄者仅 1m，宽可大于 10m。在分隔绿带上的植物配植除考虑增添街景外，首先要满足交通安全的要求，不能妨碍司机及行人的视线。如日本大皈选择低矮的石楠，春、秋二季叶色红艳；低矮、修剪整齐的杜鹃花篱，早春开花如火如荼，衬在嫩绿的草坪上，既不妨碍视线，又增添景色。随着宽度的增加，分隔绿带上的植物配植形式多样，可规则式，也可自然式。最简单的规则式配植为等距离的一层乔木，也可在乔木下配植耐阴的灌木及草坪。无论何种植物配植形式，都需处理好交通与植物景观的关系。如在道路尽头或人行横道、车辆拐弯处不宜配植妨碍视线的乔灌木，只能种植草坪、花卉及低矮灌木。

分车带绿地也称隔离带绿地，用来分离同向或对向的交通，起着分隔、组织交通和保障安全的作用。它包括快慢车道隔离带和中央隔离带。

快慢车道隔离带，一般为 2.5～6.0m 宽，根据交通安全的要求，快慢车之间的植物不应超过 1m，不能列植成墙，以保证视线通透（图 8.14）。如栽植乔木，主干分枝点必须在 2m 以上，株距大于 5m。目前，快慢车道隔离带的绿化植物一般选用低矮的花灌木或小乔木。

中央隔离带，一般不栽乔木，多用地被植物、低矮花灌木、花卉结合，片植成图案。

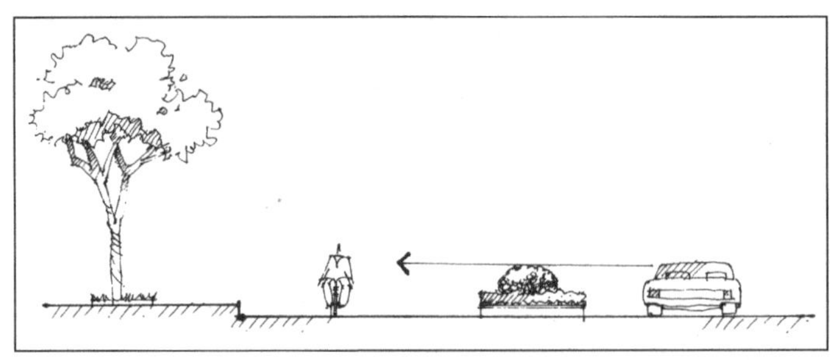

图 8.14 分车带绿化须保证视线通透

8.2.3 行道树绿带

行道树是道路绿化最基本、最常见的类型，是指车行道与人行道之间种植行道树的绿带，其功能主要是为行人庇荫，同时美化街景（图 8.15）。

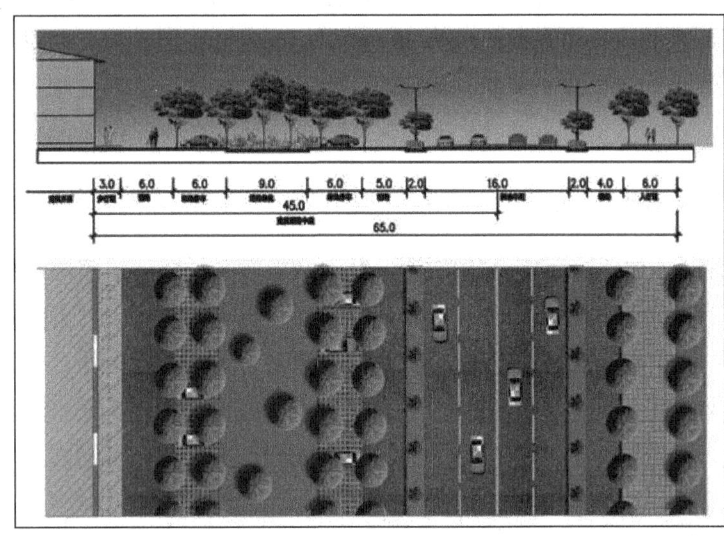

图 8.15 行道树绿带

我国从南到北，夏季炎热，深知“大树底下好乘凉”。南京、武汉、重庆三大火炉城市都喜欢用冠大荫浓的悬铃木、小叶榕等。吐鲁番某些地段在人行道上搭起了葡萄棚。夏威夷喜欢用花大色艳的凤凰木、火烧花、大花紫薇等，树冠下为蕨类地被，一派热带风光。青海西宁用落叶松及宿根花卉地被，呈现温带、高山景观。目前行道树的配植已逐渐向乔、灌、草复层混交发展，大大提高了环境效益。但应注意的是，在较窄的、没有车行道分隔绿带的道路两旁的行道地下，不宜配植较高的常绿灌木或小乔木，一旦高空树冠郁闭，汽车尾气扩散不掉，将使道路空间变成一条废气污染严重的绿色烟筒。

1. 种植方式

行道树种植方式主要有树池式和树带式两种。

（1）树池式

以方形或圆形的空地种植行道树的方式称树池式。一般用在交通量大、行人多、人行道狭窄的路段。树池边长或直径不宜小于 1.5m，长方形短边不应小于 1.2m（图 8.16）。

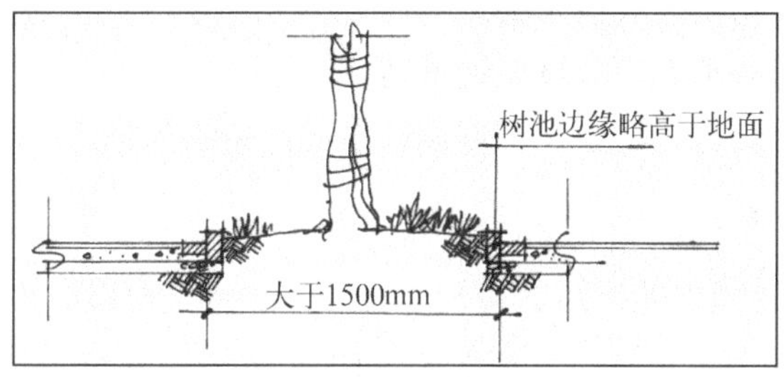

图 8.16 树池

为了防止行人踩踏池土，保证行道树的正常生长，一般树池周边应略高于地面或者使用树池盖（图 8.17）。

图 8.17 树池盖

（2）树带式

在行人道和车行道之间留出一条不加铺装的种植带，种植乔、灌、花、草的种植形式。种植带宽度最低不小于 1.5m，每隔一段要和道路斑马线相协调留出空间，供行人通过（图 8.18）。

图 8.18 树带

2. 树种选择

1）适应种植土壤及气候条件，能正常生长。
2）抗性强、成活率高，有苗木来源。
3）形态优美、整齐美观，能体现地域特色。
4）分枝点高、耐修剪、深根性、寿命长，无污染物产生。

3. 株距和定杆高度

正确的株距应从行道树的作用、有利于树木生长两方面考虑，见表8.2。

表8.2 行道树株距

树种类型	通常采用的株距/m			
	准备间移		不准备间移	
	市区	市区	市区	市区
快长树（冠幅15m以下）	3～4	2～3	4～6	4～8
中慢长树（冠幅15～20m）	3～5	3～5	5～10	4～10
快长树	2.5～3.5	2～3	5～7	3～7
窄冠树	—	—	3～5	3～7

行道树绿带的立地条件是城市中最差的。由于土地面积受到限制，故绿带宽度往往很窄，常在1～1.5m。行道树上方常与各种架空电线发生矛盾，地下又有各种电缆、上下水、煤气、热力管道，真可谓天罗地网。更由于土质差，人流踩踏频繁，故根系不深，容易造成风倒。种植时，在行道树四周常设置树池，以便养护管理及少被踩踏，在有条件的情况下，可在树池内盖上用铸铁或钢筋混凝土制作的树池箅子。

8.2.4 人行道绿带

人行道绿带是指车行道边缘至建筑红线之间的绿化带。此绿带既起到与嘈杂的车行道的分隔作用，也为行人提供安静、优美、庇荫的环境。由于绿带宽度不一，因此，植物配植各异。基础绿带国内常用地锦等藤本植物作墙面垂直绿化，用直立的桧柏、珊瑚树或女贞等植于墙前作为分隔。如绿带宽些，则以此绿色屏障作为背景，前面配植花灌木、宿根花卉及草坪，但在外缘常用绿篱分隔，以防行人踩踏破坏。国外极为注意基础绿带，尤其是一些夏日气候凉爽、无需行道树庇荫的城市，则以各式各样的基础栽植来构成街景。墙面上除有藤本植物外，在墙上还挂上栽有很多应时花卉的花篮，外窗台上长方形的塑料盒中栽满鲜花，墙基配植多种矮生、匍地的裸子植物、平枝栒子以及宿根、球根花卉，甚至还有配植成微型的岩石园的。绿带宽度超过10m者，可用规则的林带式配植或配植成花园林阴道。各种绿化带最小宽度见表8.3。

表 8.3 绿化带最小宽度

名 称	最小宽度/m	名 称	最小宽度/m
一行乔木	2.00	一行灌木带（大灌木）	2.50
两行乔木（并列栽植）	6.00	一行乔木与一行绿篱	2.50
两行乔木（棋盘式栽植）	5.00	一行乔木与两行绿篱	3.00
一行灌木带（小灌木）	1.50		

人行道绿化（图 8.19）是城市街道绿化最基本的组成部分，它对美化环境、丰富城市街道景观、净化空气、为行人提供一片绿荫具有重要的作用。

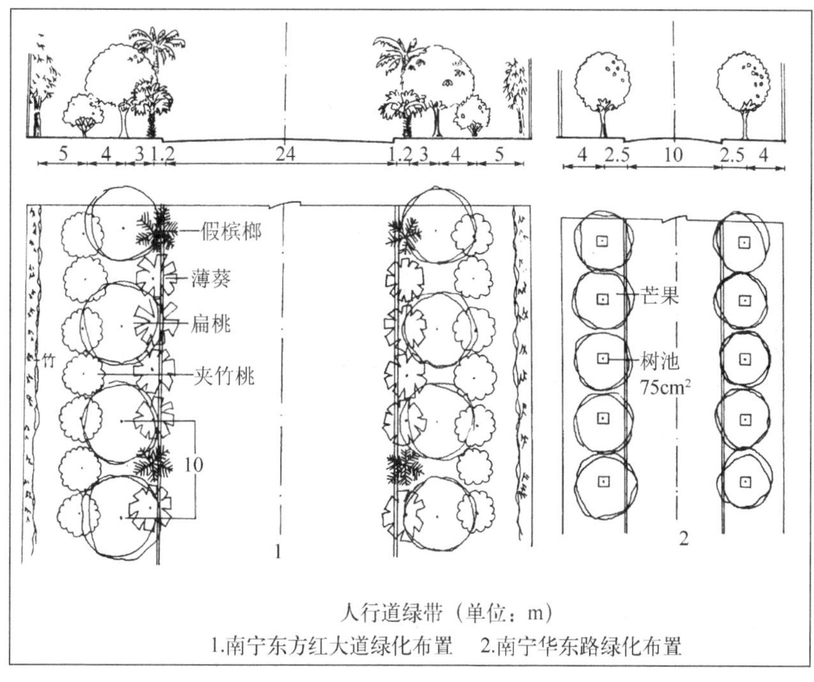

图 8.19 人行道绿带

1. 人行道绿化设计的几种形式

（1）单排行道树

通常在人流量较大、空间较小的街区采用。行道树间距宜为 5～7m，周围砌筑 1.5m×1.5m 的方形树池，树种采用干直、冠大、树叶茂密、分枝点高、落叶时间集中的乔木，一个街区最好选择同一树种，保持树型、色彩等基本一致。

（2）双排行道树

人行道宽度为 5～6m，门店多为商业用户，人流量较大，采用单排行道树绿化遮荫效果差，布置花坛又影响行人出入，在这种情况下，可交错种植两行乔木。为了丰富景观，可布置两个树种，但在冠形上要力求协调。

（3）绿化带内间植行道树

当人行道宽度为5～6m且人流量不大时，可在人行道与车道之间设置绿化带，绿化带宽度应在2m以上，种植带内间植4～5棵行道树，空地种植小花灌木和草坪，周围种植绿篱，这种乔、灌、草结合的方式，不仅有利于植物的生长，而且极大地改善了行道树的生长环境。

（4）行道树与小花坛

人行道较宽、人流量不大时，除在人行道上栽植一排行道树外，还要结合建筑物特点，因地制宜在人行道中间设计出或方或圆或多边形的花坛（既要考虑绿化效果又要方便行人通过）。花坛内可采用小乔木与灌木和花卉组合配置，形成层次感，也可用花灌木或花卉片植成图案。

（5）游园林阴路

宽度为8m以上的人行道，多为居民居住区街道或滨河路，这里可布置成弯曲交错的林阴路形式，在林阴路中设置小广场，修建凉亭、座椅、儿童游戏设施等供行人休息和娱乐，实际上起到小游园的作用。种植上，可采用乔灌草与藤本植物相结合（图8.20）。

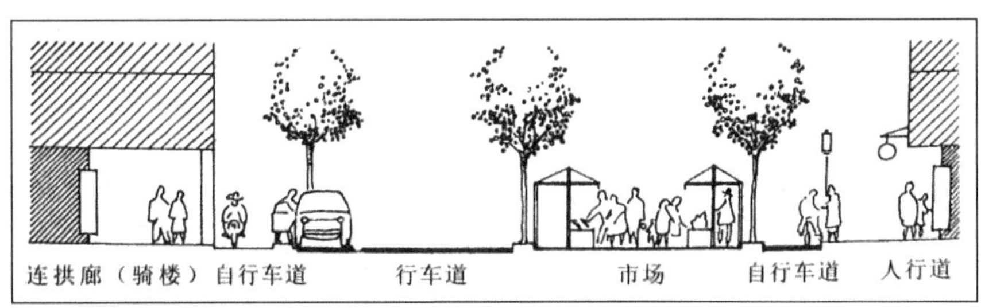

图8.20　城市商业街绿化形式

2. 人行道绿化的设计要点

1）应根据绿带宽窄进行植物配置，较窄时可只设计一行行道树，较宽时可乔、灌、草结合，并可用草、灌木设计成色彩对比强烈的图案。

2）因地制宜地选用规则式、自然式或混合式作为绿带的形式。

3）注意和街道的硬质景观相协调，保持景观的连续性和统一，如果有条件的话，可以开辟小范围的休闲绿地（图8.21）。

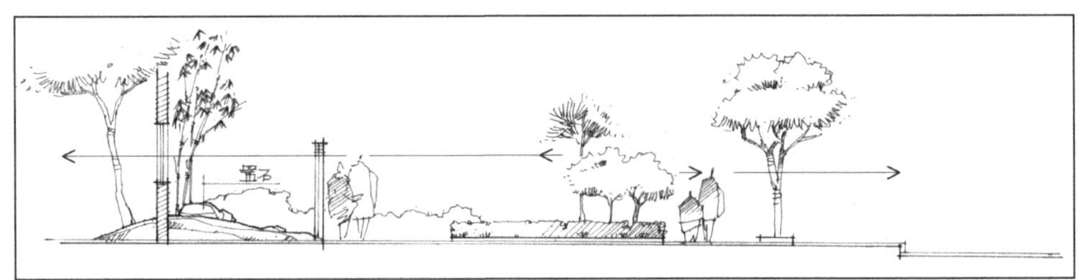

图8.21　人行道绿带

8.2.5 城市道路树种的选择

一般说来，城市道路树种应具备冠大荫浓、主干挺直、树体洁净、落叶整齐；无飞絮、毒毛、臭味；污染的种子或果实；适应城市环境条件，如耐踩踏、耐瘠薄土壤、耐旱、耐污染等；隐芽萌发力强、耐修剪、易复壮；长寿等条件。

1）以乡土树种为主，从当地选择优良的树种，但不排斥经过长期驯化考验的外来树种。

① 华南地区可考虑香樟、榕属、桉属、木棉、台湾相思、红花羊蹄甲、洋紫荆、凤凰木、黄槐、木麻黄、悬铃木、银桦、马尾松、大王椰子、蒲葵、椰子、木菠萝、扁桃、芒果、人面子、蝴蝶果、白干层、石栗、盆架子、桃花心木、白兰、大花紫薇、蓝花楹等。

② 华东、华中地区可选择香樟、广玉兰、泡桐、枫杨、重阳木、悬铃木、无患子、枫香、乌桕、银杏、女贞、刺槐、喜树、合欢、榔榆、榆、榉、薄壳山核桃、柳属、南酸枣、枳、青桐、枇杷、楸树、鹅掌楸等。

③ 华北、西北及东北地区可用杨属、柳属、榆属、槐、臭椿、栾、白蜡属、复叶槭、元宝枫、油松、华山松、白皮松、红松、樟子松、云杉属、桦木属、落叶松属、刺槐、银杏、合欢等。

2）根据适地适树原则，分别选择适合当地立地条件的树种。

如重庆为山城，岩石多，土壤瘠薄干旱，高温，雾重，污染严重，可选择黄葛树、小叶榕、川楝、构树、臭椿、泡桐等。天津地下水位高，碱性土，可选择白蜡、绒毛白蜡、槐、旱柳、垂柳、侧柏、杜梨、刺槐、臭椿等。

3）结合城市特色，优先选择市花、市树及骨干树种。

如江门新会——葵城的蒲葵；福州——榕城的小叶榕；广州——棉城及厦门——英雄城的木棉。北京市市树为国槐和侧柏，槐冠大荫浓，适应城市立地条件，是优良的道路绿化树种。

4）结合城市景观要求进行选择。

如昆明——春城，要求有四季常青、四时花香的环境，道路树种要体现亚热带景观，采用云南樟、银桦、藏柏、柳杉等 4 种常绿树种及悬铃木、银杏、滇杨、滇楸、直干桉等 6 种落叶树种较为全面。

5）道路各种绿带常可配植成复层混交的群落，应选择一批耐阴的小乔木及灌木。

如大叶米兰、山茶、厚皮香、柃木、竹柏、桂花、红茴香、大叶冬青、君迁子、含笑、虎刺、扶桑、海桐、九里香、红背桂、大叶黄杨、锦熟黄杨、栀子、水栀子、杜鹃属、棕榈、棕竹、散尾葵、丁香属、小蜡、构骨、瓶兰、老鸦柿、海仙、木绣球、珍珠梅、太平花、金银木、小劈属、十大功劳属、胡枝子属、构花属等。

6）郊区公路绿带可考虑选用一些具有经济价值的树种。

如乌桕、油桐、竹类、女贞、棕榈、杜仲、白千层（脱皮树）、枫香、箭杆杨、榆、水杉等。

8.3 城市广场的植物景观设计

城市广场是指由建筑物、道路和绿地区域等围合或限定形成的开敞公共空间，它是按城市的功能需要而设置的场所。城市广场通常是城市居民社会活动的中心，在广场使用功能上可以组织集会，提供交通，组织居民游览休息，组织商业贸易的交流。广场在城市中所占位置与场地，是指在城市的主体格局中，与道路相连接较为空旷的部分。城市广场包括场所、内容、构成、使用方式和意境等因素，它是满足多种城市社会生活需要而建设的，由多种软、硬质景观构成，采用步行交通手段，具有一定的主题与规模。广场本身具有社会化的特性，它的主题思想代表了城市的风貌与文化内涵以及城市景观环境特点。

从功能上分，现代城市广场可以分为市政广场、纪念广场、交通广场、商业广场（图 8.22）和休息娱乐广场。现代城市广场作为以集体休闲为目的的人流密度场所应该具备以下几个特点。

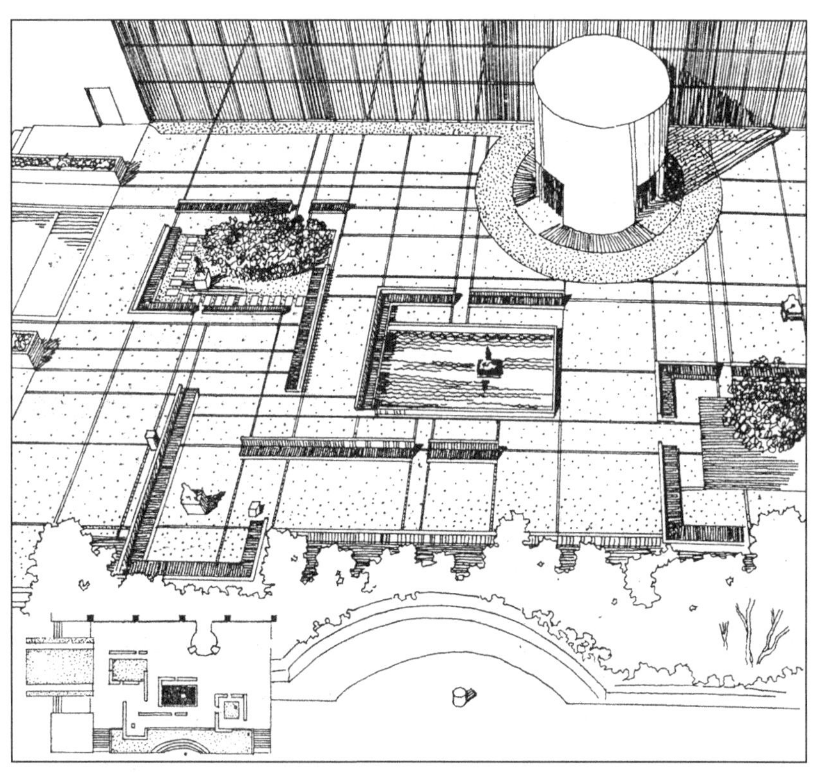

图 8.22　日本福冈银行广场

1）提供支持集聚交往的场所，并具备合适规模的场地。

2）具有相对明确的空间边界和相对明确的格局。

3）为了避免没有“人气”的广场，应当和城市中的文化、体育或博览会建筑形成城市空间系统。

4）注意地方性和当地特有的历史人文因素的积淀。

8.3.1　广场发展概述

广场最初产生于人们供奉庆典和祭祀宗教等活动，它的作用必然使人们在一块较为空阔的地方进行活动。我们发现，广场最早出现于公元前 8 世纪的古希腊，这个称为“Agora”的广场含义为集中的意思，也就是人们群集的地方。从那时起，广场就逐渐变成了城市中不可缺少的户外公共场所。欧洲的城市广场起源较早。古罗马城市中，在十字路口的喷泉旁，人们除了取水以外，还会相互交谈、交流信息，无疑这种空间已经具有了城市广场的某些特征，给人们提供了聚集和交流的场所。

广场设计是一个既古老又现实的建筑设计类型。说它古老，是因为它的历史可以追溯得非常远。说它现实，是因为它在当今城市中扮演着越来越重要的角色。所以说：“广场是环境空间的艺术圣地。”城市广场是城市中由建筑物等围合或限定的城市公共活动空间，通过这个空间把周围的各个独立的组成部分结合成整体。城市广场都有一定的功能和主题，围绕该主题设置的标志物、建筑空间的围合以及公共活动场地是构成城市广场的 3 要素。城市广场作为外部空间应与建筑的内部空间相互延伸及补充。通过广场的发展演变历史，我们可以看到广场由于其因各自具有的功能和使用要求呈现多样化的趋势（图 8.23）。

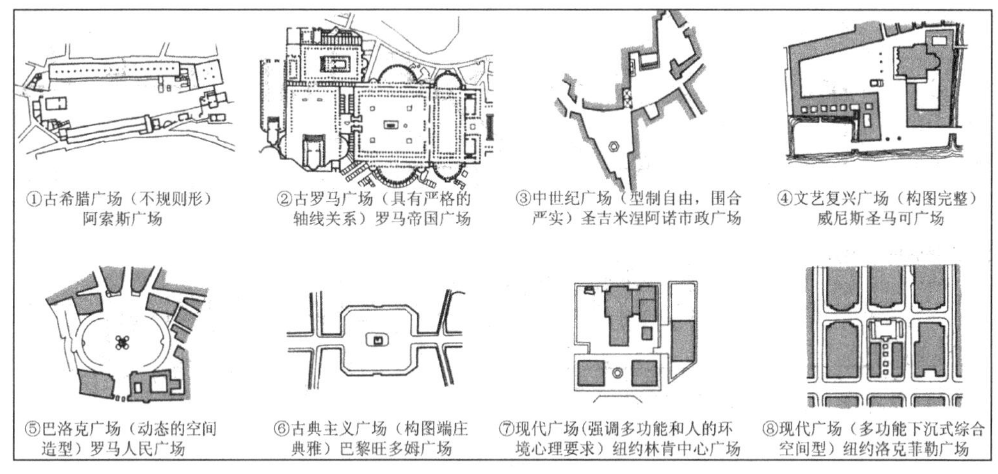

图 8.23　广场类型

1. *广场发展的历史*

古希腊广场设计力求突出人的尺度，以人为中心，基本形式是由周围建筑群组成封闭的空间，广场没有固定形态，随着建筑格局的变化而变化。在古希腊时期，广场与城市一样，追求着与周边环境的和谐，城市中建筑的布局是靠人们长期步行思考与实践而形成的，建筑物包围在广场周围，构成适宜空间，广场上的雕塑突出了这一空间的特性。

古罗马时期的广场是以组群的比例关系使广场达到和谐，罗马广场最具特色的是共和时期的共和广场与帝国时期的帝国广场。共和广场由广场群组成，布局比较自由，以庙宇为核心，体现了政治军事权力的不断增长，主要是市民欢聚的公共活动场所；而帝国广场多把皇帝雕塑放在中央位置，是以两个彼此相交的垂直轴线组成一个完整的整体，利用尺度、比例关系，使各个部分形成整体，忽略人工尺度，用规整的空间突出广场的形象，具有严格的轴线关系（图 8.24）。

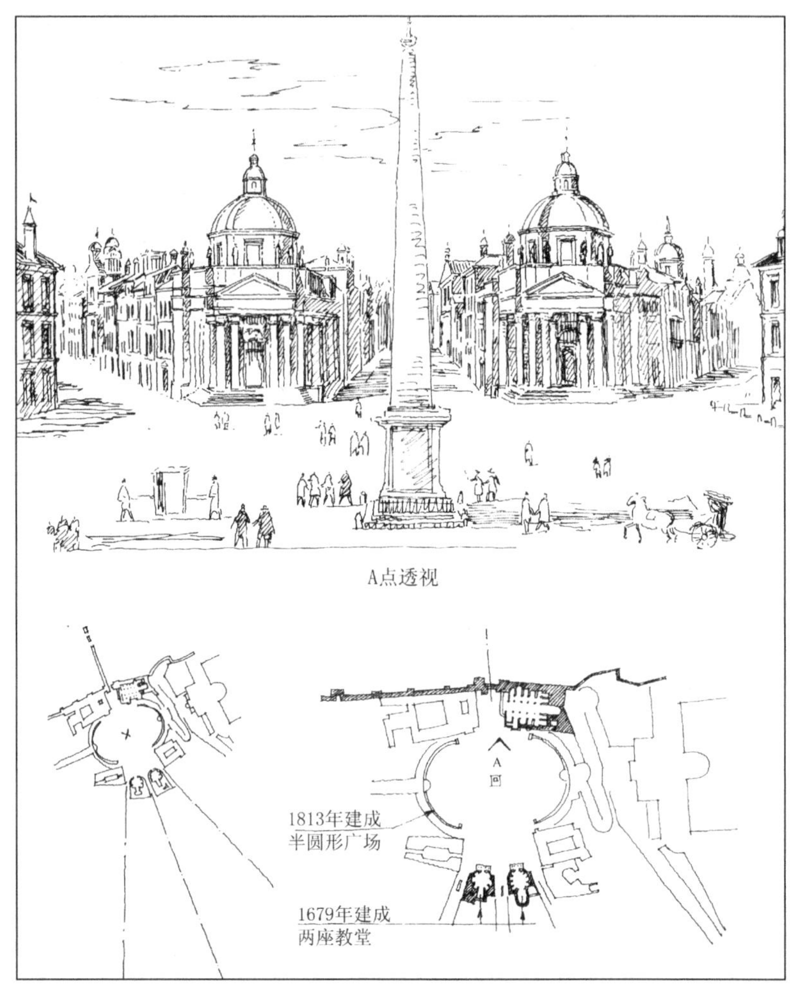

图 8.24　罗马波波罗广场

现代广场是在二次大战后，世界各国工业与商业经济的迅速发展，城市化进程日益加快的基础上产生的。20 世纪 70 年代城市出现向郊区发展的倾向，出现中心区衰退的趋势，在此背景下，西方发达国家提出更新与复苏中心区与旧城区，让城市中心重新充满活力，许多城市均为广场的改造寻找最佳的设计方案。像伦敦教堂的广场改造，美国波士顿广场设计竞赛等，均是从大量的竞标方案中脱颖而出的。现代广场注重以人为本的文化内涵，作为城市文化发展的缩影，折射出城市经济、政治与社会文化，反映了一种与时俱进的市民精神风貌。所以，现代广场是一种文化意识形态的物化形象，有人说过：“人类所有文化均是由城市产生的……”，广场是城市人口历史文化的反映，正如美国新奥尔良市的意大利广场（图 8.25），表达出美国的意大利移民后代对早年在西部拓荒的祖辈的追念，代表了对故乡意大利的思乡之情，均通过罗马的柱式与意大利版图的象征，寄托了这种沉重的纪念性情感。现代广场在形态上不仅在一个平面中做文章，同时利用不同层次的上升形式与下沉形式与地面层构成不同的垂直空间景观。如上升式广场的典范为巴西圣保罗市的安汉班根广场，将绿化景观设计于交通道路的架空层上。

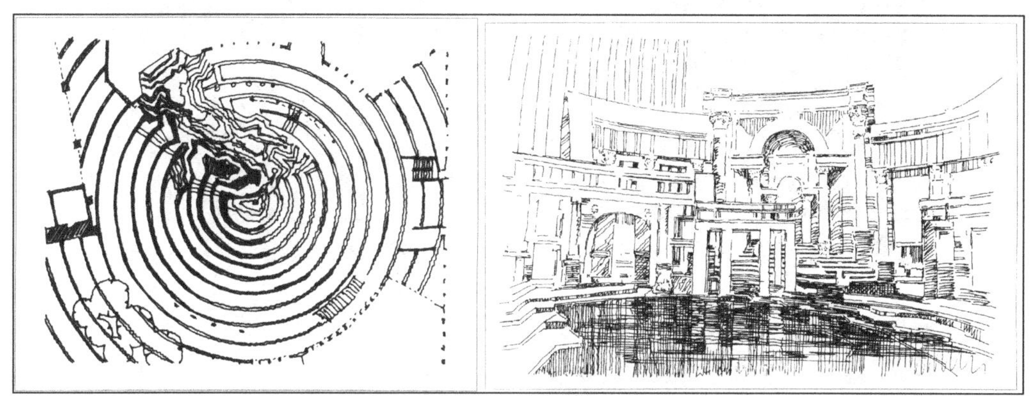

图 8.25　美国新奥尔良意大利广场图

下沉式广场如著名的纽约洛克菲勒中心广场（图 8.26），其下沉面与地面形成高差。国内如南京中山陵音乐台，为围合式中心下沉广场，三面草坪为降坡，中央是四周汇水的喷泉池，水池后为音乐台，该广场由于为降坡式下沉广场，视域范围中面积扩大了许多，地面层四周为花架，绿阴环绕、草坪葱郁，放射状轴线更强调出音乐台的视觉中心作用；无锡市的站前广场则为完全下沉式，地下部分成为分散、组织、引导人流的交通节点场地，有中庭空间并设有水幕墙、悬挑观景台及垂直绿化。

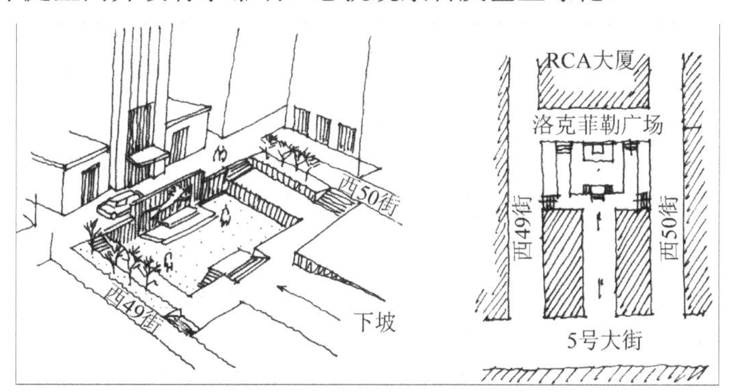

图 8.26　纽约洛克菲勒中心广场

2. *广场文化*

（1）以古代欧洲文化为基础的西方开放的城市广场

理性主义与人本主义哲学观，使西方人不仅重视世俗彼岸神的生活境界，更重视现实生活，崇尚世俗生活和自我个性的展示，城市社会活动丰富，他们把日常的生活空间和注意力多集中在户外，因此数量众多的城市广场及公共建筑成为公众交往的绚丽舞台。从城市整体空间形态来看，城市建筑实体多以高度密集的方式相联系，城市街道和广场的组合呈现出一种清晰而明确的网络体系特征，其中城市广场成为整个外部空间体系的核心和城市的重心，成为城市多条街道空间交汇和发散的节点空间（图 8.27）。

圣马可广场鸟瞰　　巴黎凯旋门多条街道空间交汇的节点

采用罗马柱式的圣彼得大广场　　巴黎协和广场上的方尖碑

图 8.27　西方城市建设

可以说城市广场作为西方古代城市的一种人本主义象征的“广场文化”始终贯穿于西方城市建设艺术中，它早在古罗马时代就已达到了极高的艺术成就。在古罗马的城市中，一般都有中心广场，它是城市的政治、经济中心。这时期的广场空间规整单一，城市干道从中间穿过，它的四周分布着古罗马最重要的巴西利卡和庙宇。四周建筑大都有一圈一至两层的敞廊，采用古罗马柱式，广场空间整体统一。继古罗马之后，西方各个历史发展时期，也都产生了一些著名的城市广场，如威尼斯圣马可广场、圣彼得大广场、巴黎协和广场等，其中威尼斯广场以其悠远的海上意境、变幻的复合空间、精美的广场建筑群和标志性钟塔，被后人誉为欧洲中世纪最美的“城市客厅”。

（2）生态文化与当代城市广场建设

现代广场以其立体空间的形式向古典样式的广场挑战，打破了传统广场单一的平面形态。如下沉式广场主要有加拿大温哥华的罗勃逊广场，从屋顶花园至下沉低地平台，高程落差竟达 10m，由大片台阶衔接，并由之字形坡道分割，瀑布、流水在林间欢腾宣泄。

再如最能反映南京地域文化底蕴的广场当数汉中门广场（图 8.28）。汉中门广场紧靠汉中路与城西干道的交叉路口，可谓闹中取静。广场背靠城门与城墙，面向繁忙的交通要道，具有半开放的特点。城门与城墙皆用青砖累砌而成，城门面向正西，拱形门洞，人从城门下走过，历史的凝重感油然而生。城墙环绕半周，城墙两头皆戛然而止，断壁残垣裸露于阳光风雨之下，一种沧桑与厚重感触人眼目。相形之下，广场的花坛、平台、台阶、绿草、栏杆、遮阳伞则透露出现代都市生活的气息——轻快、闲适。在这里，广场的景观常常会使人产生一种时空错觉和间离，几步跨过 600 多年的风尘那是何等的微妙。

图 8.28　汉中门广场

8.3.2　城市广场的类型与影响因素

1. 广场的类型

广场从其使用功能、尺度关系、空间形态和材料构成等方面进行分类。

（1）以广场的使用功能分类

1）集会性广场：政治广场、市政广场、宗教广场等。

2）纪念性广场：纪念广场、陵园、陵墓广场等。为纪念当地历史名人、民族英雄、历史事件而设置。这类广场常处于城市的中心地段，空间条件、自然条件一般都比较好。

3）交通性广场：站前广场、交通广场。

4）商业性广场：集市广场（图 8.29）。

5）文化娱乐休闲广场：音乐广场、街心广场等。

6）儿童游戏广场。

7）附属广场：商场前广场、大公共建筑前广场等。

（2）以广场的尺度关系分类

1）特大尺度广场：特指国家性政治广场、市政广场。

2）小尺度广场：街区休闲广场、庭院式广场等。

（3）以广场的空间形态分类

1）开敞性广场：露天市场、体育场等。

2）封闭性广场：室内的商场、体育馆等。

图 8.29 商业中心广场

（4）以广场的材料构成分类

1）以硬质材料为主的广场：以混凝土或其他硬质材料作广场主要铺装材料，分素色和彩色两种。

2）以绿化材料为主的广场：公园广场、绿化性广场等。

3）以水质材料为主的广场：大面积水体造型等。

2. 广场的影响因素

广场的布局选择应注重公众的可达性及吸引力，环境品质的开发与协调。另外还受到以下几方面的影响。

（1）周围建筑环境的影响

广场的结构一般都为开敞式的，组成广场环境的重要因素就是其周围的建筑。结合广场规划性质，运用适当的处理手法，将周围建筑环境融入广场环境中，是十分重要的。

（2）街道的影响

广场与街道在形式上、组成上，有许多必然的联系，它们的协调与统一是构成广场上环境质量的重要因素。设计时，根据广场与街道的性质，在城市文化、地域特征、空间设计上及建筑及其细部处理上都应统一考虑。并且注意到街道与广场相协调设计一些人性化点缀，如路灯、广告、展示牌、钟塔、布告栏、雕塑、喷泉等环境艺术设计，协调植被、铺面、色彩、材质、标牌、照明等元素，也是十分必要的。

（3）交通组织上的影响

广场的人流及车流集散，及其交通组织是保证其环境质量不受外界干扰的重要因素。其主要内容有两点：城市交通与广场的交通组织；广场内交通组织。城市交通与广场在交通组织上，首先要保证由城市各区域去文化广场的方便性。

8.3.3 城市广场植物配置要点

绿化植物是城市生态和文化环境的基本要素之一。这不仅在于绿化植物所具有的调节人类心理和精神的功能，以及它所发挥的生态、物理和化学效用，更重要的是，由于其生长的特性，使之成为城市广场景观中最特殊而又潜在的因素。

植物的形式也有意义，它就像“设计需要和环境质量一样，是文化的特征属性”（拉谱卜特《建成环境的意义》）。绿化植物不仅是广场的物质组成之一，对形成广场整体文化特色也起到重要作用，有时甚至承担了其中的主题角色，本身就表达了设计意念和审美追求。

作为城市广场景观中的一种中间因素，绿化植物最大的特点是具有生命，能生长变化。它们随季节和生长的变化而不停地改变色彩、质地、叶丛密度以及树冠形状等。这些特性都使得绿化植物在承担物质功能的同时，更加富于自然的意味。但是也正是由于植物的这种变化的特性，为在设计中选择植物配植带来了困难，而且其长势也影响着设计。因此，设计师不仅要了解植物在某一季节中的变化情况和功能，还要知道其一年四季以及随着年代的推移而可能发生的变化。

1. 城市广场植物造景的基本要求

1）配合广场主题。广场植物造景必须服务于广场的主题，与广场的性质相协调。

2）满足广场功能。根据广场的类型，植物配置应符合其功能需要。如属于集散广场的火车站，主要起人流集散的作用，周边可种植乔木和绿篱围合出空间区域，中间设置适量的草坪、花坛，周边可设置座椅等小品供休息之用。总之，要留出足够的空间供人流集散之用，草坪、花坛形式不宜繁复，以免增加不必要的信息量，影响人们识别其所需要的信息。

3）植物的形态、色彩、大小应与广场周围建筑的风格、尺度相协调。

4）广场绿化要与整个城市的绿化相协调，并且具有各自的特色，避免千篇一律。

5）注意地上、地下市政设施，种植前应做好调查工作，以便处理好植物与市政设施的关系。

2. 城市广场植物的功能

（1）绿化植物的建造功能

广场上的植物就像建筑物的地面、天花板或围墙一样，具有建造功能，包括限制空间、障景作用、控制广场空间的私密性，以及形成空间序列和视线序列等。

1）构成空间。在地平面上，不同高度和不同种类的地被植物或矮灌木，虽然不具有实体的实现障碍，却暗示了空间的边界和空间范围的不同。在垂直面上，树干如同伫立于广场中的柱子，以暗示的方式，而不仅是以实体来限制着空间。

植物的叶丛是影响广场空间围合感的另一个因素。叶丛越浓密、体积越大，其围合感越强烈。而落叶植物的封闭程度则随季节的变化而不同。低矮的灌木和地被植物可以构成开敞空间；高灌木与地被植物搭配则可形成半开敞空间；具有浓密树冠的遮阴树可构成一种顶部覆盖、四周开敞的空间，它的枝叶犹如广场的天花板，影响着垂直面上的尺度。“绿色走廊”就是由道路两侧的行道树树冠交错遮阴而形成。而多种植物的综合使用，又可以塑造出更多不同类型的空间。地被植物在设计中既可以暗示空间边缘，又可以衬托主要景物，还可以将广场上其他相互独立的因素联系为一个整体。

当然，由于季节和枝叶密度都是可变因素，其构成的空间于是也具有了可变性，从而使广场空间更加丰富。

2）与地形结合。植物可以与地形结合，强调或消除由于地平面上地形的变化而形成的空间感。例如，为了增强由于地形构成的空间效果，有效而简便的办法就是将植物种植在地形顶端或高地上；与之相反，如果把植物种植在凹地或谷地的底部或周围斜坡上，它们将减弱或消除地形起伏所形成的空间感。

同样，植物也可以与其他构筑物相结合，对其他孤立的因素所构成的空间进行围合。或运用线型种植植物的方式，将孤立的因素有机地连接起来。

3）框景和障景。植物在广场中的框景和障景作用包括作为景点、限制观赏线、完善其他设计要素、在景观中作为观赏点或背景等。植物树冠的通透程度不同，障景的作用也会有所不同。为了使植物最有效地起到障景的作用，设计师需要分析观赏者的行动位置、观赏者与景物之间的距离和角度，以及地形高差等因素。由此也可以利用阻挡人们视线的植物，对一定区域进行围合，将空间与其环境隔离，进一步控制广场环境的私密程度。

（2）绿化植物的美学功能

植物不仅能给生硬呆板的环境提供柔和之美，还能给环境带来生机和活力，使其具有变化丰富的视觉效果。

1）大小和形状。植物的大小直接影响着空间范围、结构关系以及设计构思。大中型乔木能构成广场环境的基本结构和骨架，而当它居于较矮小的植物之中时，则会成为视觉焦点。小乔木和观赏植物适合于较小的空间，或要求精细的场所，如广场作为主景或出入口标志的地段。高灌木则可以充当障景物。

植物的外形在设计的构图和布局上，影响着统一性和多样性。植物的基本外形有纺锤形、圆锥形、球形、宝塔形、扇形、水平延伸形，以及其他特殊的形态。依靠树冠可以遮蔽日照，从而产生避暑的效果。因此北京常常选用榉树、白杨、梧桐、银杏、国槐等阔叶树，种植在建筑物的两侧、广场的道路或休憩空间，夏日可以遮阴，冬天可以纳阳。

植物的大小和形状是其各种特性中最重要、最引人注目的特征之一。在设计中应首先考虑大中乔木的位置，因为它们的配植将会对整体结构和外观产生极大影响，因此也要注意其与整体空间尺度比例的关系。较矮小的植物是在高大植物所构成的总体结构中，展现出更具人性化的细腻方面。总之，植物的大小、形状应与广场环境的尺度及空间层次相宜，必要时可辅助以人工修剪的手段。

2）色彩与质地。植物的色彩具有情感，它通过树叶、花朵、果实和枝桠等各个部分呈现出来。虽然树叶的主要色彩是绿色，但不同种类的植物也会有深浅的变化，或者是黄、蓝或褐色的成分。即使是同一种植物，其色彩还会随季节时令的变化而呈现出不同的色调。而且同所有物质一样，绿化植物也有肌理的表情，具有粗犷、厚重、轻柔或细腻之分。

由于夏季和冬季占据着一年中大部分的时间，而秋天的色彩维持的时间却很短，因此在对不同植物进行配色设计时，最好更多地考虑夏季和秋季的色彩。而且，在植物色彩的处理上，最好使用一系列色相变化的植物，使之在构图上具有丰富的视觉层次。绿化带栽植的花木，要有秩序地改变颜色、质地、形状和花期。

3）光影与声音。在选择植物和进行配植设计时，不仅要考虑构筑物、景观等的阴影部位，也要考虑所配植的植物的阴影对广场中的构筑物、绿化的影响。随着一天当中日光的变化和季节的更迭，秋天的落叶、树木的枝桠和冬天的积雪会呈现出不同的阴影，从而形成变幻莫测的装饰效果。日本府中市美术馆广场上的树木间隔 6m，但阴影相连，给空间以立体的造型艺术素材。广场上精心筛选后的野茉莉树树梢很细并且相互重合，但并不妨碍视线穿过树林投向远处，在阳光下产生光和影的变幻。

3. 城市广场植物选择的原则

由于植物具有生命的设计要素，其生长受到土壤肥力、排水、日照、风力以及温度和湿度等因素的影响，因此设计师在进行设计之前，就必须了解广场相关的环境条件，然后才能确定、选择适合在此条件下生长的植物。

在城市广场等空地上栽植树木，土壤作为树木生长发育的“胎盘”，无疑具有举足轻重的作用。因此土壤的结构，必须满足以下条件：可以让树木长久地茁壮成长；土壤自身不会流失；对环境影响具有抵抗力。

根据形状、习性和特征的不同，城市广场上绿化植物的配植，可以采取一点、两点、线段、团组、面、垂直或自由式等形式。在保持统一性和连续性的同时，显露其丰富性和个性。例如，在不同功能空间的周边，常采用树篱等方式进行隔离，而树篱通常选用大叶黄杨、小叶黄杨、紫叶小檗、绿叶小檗、侧柏等常绿树种；花坛和草坪常配置 30～90cm 的镶边，起到阻隔、装饰和保持水土的作用。

花坛虽然在各种绿化空间中都可能出现，但由于其布局灵活、占地面积小、装饰性强，因此在广场空间中出现得更加频繁。既有以平面图案和肌理形式表现的花池；也有与台阶等构筑物相结合的花台；还有以种植容器为依托的各种形式。花坛不仅可以独立设置，也可以与喷泉、水池、雕塑、休息座椅等结合。在空间环境中除了起到限定、引导等作用外，还可以由于本身优美的造型或独特的排列、组合方式而成为视觉焦点。

（1）树木的选择

1）冠大、阴浓，夏季成阴效果好。

2）耐瘠薄、抗性强。

3）尽量不产生污染物，有些树时常落果或产生飞毛絮，可以通过选择雄性或选育无果无性系来解决。

（2）花卉的选择

1）花期长，耐粗放管理。

2）花色艳丽、花形奇特。

3）四季有花。

（3）草坪的选择

1）绿期长。

2）耐踩踏。

3）耐粗放管理。

4. 城市广场植物配置的基本方式

古典广场一般较少有绿化，以硬地和建筑为主，而现代广场不论大小，都要充分考虑绿化问题，体现了现代广场的设计对于人和环境的关怀。但广场就是广场不是块绿地，尽管现代规划设计中常提到广场的“生态效益”、“环境效益”等，但广场的最终功能是高人流量的开放性的社交空间，其主要作用不是用来解决城市生态环境问题。现在有些城市广场设计大片的草坪，并使其成为广场的主体，而依照我国的国情，草坪是不能上人的，因此，广场虽大，但严重地影响了广场多样化活动的开展，同时也不利于广场空间的围合，广而无场。

广场绿化要依据具体情况及广场的功能、性质等进行绿化设计。从功能上讲，文化休闲类广场主要是提供在林阴下的休息环境以及调节视觉、点缀色彩，所以可以多考虑铺装结合树池以及花坛、花钵等形式。而有些广场从性质出发如交通广场绿化还要有吸尘减噪之用。广场绿化还要和广场的其他要素作为一个整体统一协调，大树应作为重要的构成元素，融进广场的整体设计中。同时尽可能采用立体绿化，扩大实际绿化面积，并借此划分出多层次的领域空间满足多样化的功能需求。

1）排列式种植（图 8.30）。采用乔、灌、草、花配置，主要用于广场周围或长条形地带，起阻隔、遮挡的作用，在垂直面构图上作为背景存在。

图 8.30 排列式种植

2）集团式种植（图 8.31）。用花卉、灌木、乔木组成树丛，再把一个个树丛有规律地排列在一定地段上，形成比较丰富的景观效果，避免了排列式的单调。

图 8.31　集团式种植

3）自然式种植（图 8.32）。植物配置疏密相间，错落有致，形成自然式的生物群落形态，是一种灵活的布置方式。

图 8.32　自然式种植

8.4　居住区绿化设计

居住区绿化是直接被居民经常利用与享受的一种绿化系统。居住区的绿化规划，不仅要体现当代人们的文明程度，而且更主要的还要有一定的超前意识，使之与现代化城市建设相适应，力求在一定时期内尽量满足人们对环境质量的不同要求。居住区绿地设计要求以生态学理论为指导，以再现自然、改善和维持小区生态平衡为宗旨，以人与自然共存为目标，把园林绿化的系统性、生物发展的多样性、以植物造景为主题的可持续性为使命，达到平面上的系统性、空间上的层次性和时间上的相关性。

在我国城市休憩环境中，居住区绿地为城市居民生活环境中最基本的组成部分。随着人们对居住休憩场所的功能性、舒适度日益关注，将其从单一的物化形式演绎为涵盖区域文化、游憩环境、心理环境与公众行为的精神形式，并使其成为邻里与居住单元间的社交场所。其中的“舒适性”一词，虽源于英国，但未能给出确切的定义，而日本则总结出构成舒适环境的 8 种概念因素，其中有“丰富多彩的绿化”、“与水景亲近”、“街景美丽而整洁”、“具有历史文化古迹”、“有适合于人们散步的场所与空间”、“有游乐设施”，这些具有普遍意义的概念，同样也应体现在居住区绿地中（图 8.33）。

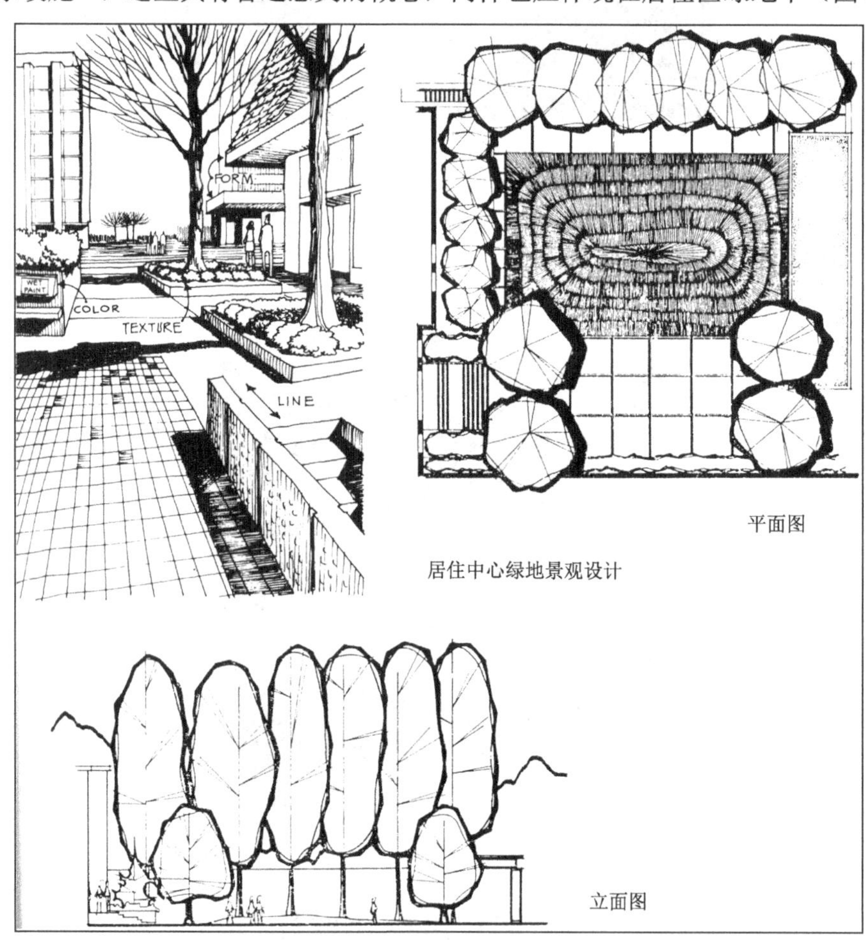

图 8.33　居住区绿地设计

近年来随着人们对自己所处生活与生存环境质量要求的提高，加上绿色设计与可持续发展研究在全球的兴起，其研究成果也被大量运用到人类住区环境设计之中，从而促使“绿色住区环境”观念的提出及设计实践工作的开展，所有这些无疑对提高住区环境质量、促进城市现代化与可持续发展具有非常现实的意义。

8.4.1 居住区绿化的作用

随着建设生态住宅、绿色住宅呼声的日益高涨，许多房地产开发商开始在住宅小区建设的同时进行园林绿化,试图为住户营造优美的居住环境。住宅小区的园林绿化设计应突出地方特色，要具有鲜明的个性，从而发挥最佳的生态效益、社会效益和经济效益。

1. 坚持因地制宜

因地制宜是住宅小区园林绿化设计应遵循的基本原则，它主要包含两层意思：一是对立地条件的合理利用，二是对园林植物的选择。所谓合理利用就是要最大限度地利用原有的地形地貌，少动土方。这样不仅可以减少资金投入，降低维护成本，而且显得朴实无华，真切自然。自然起伏的多变地形比平面整齐的地形更令人感到轻松、温馨与浪漫，更富有诗情画意。在园林植物的选择上倡导以乡土植物为主，还可适当选用一些适应性强、观赏价值高的外地植物，改善住宅小区的植物种植结构。设计施工中应模拟自然生态进行布置，讲求乔木、灌木、花草的科学搭配，创造“春花、夏阴、秋实、冬青”的四季景观（图 8.34）。

图 8.34 住宅区的绿化系统

2. 强调人性化

住宅小区的园林绿化设计，要特别强调人性化。人们进入绿地是为了休闲、运动和交流，因此，园林绿化所创造的环境氛围要充满生活气息，做到景为人用，富有人情味。人们能在树阴下乘凉、聊天、散步，天真活泼的孩子们能在泥土和石缝中寻找小动物；老人们买菜回来能有个歇脚的地方。因此在住宅入口，直到分户入口，都要进行绿化，使人们尽量多接触绿色，多看到园林景观，可以随时随地地享受到新鲜空气、阳光雨露、

鸟语花香以及和谐的人际关系。

3. 坚持高质量优美的自然环境、人文环境

关注生活区质量已成为当今住宅建设的发展趋势。如今，人们对住宅小区绿化的要求不再只是一两块草地、三四个花坛，而是要求高标准、高质量。一般情况下，绿化面积不少于建筑面积的30%。好一点的要达到50%以上，并要与周围环境高度协调和统一。在合理运用植物、园林小品、园路和铺装等前提下，特别要强调园林景观与生活、文化的紧密连接，在空间组织上达到一步一景、景随步异的效果。住宅园林景观环境必须同时兼备观赏性和实用性，在绿地系统中形成开放性格局，布置文化娱乐设施，使休闲、运动、交流等人性化的空间与设施融合在园林景观中，营造有利于发展人际关系的公共空间。需要注意的是，住宅园林景观要有地方特色和民族风格，提倡多元化，不要盲目效仿欧式风格的大门和护栏以及雕塑等。

4. 强调以绿为主

园林绿化生态效益的发挥，主要由树木、花草的种植来实现，因此，以绿为主是住宅小区绿化的着眼点。目前有些设计过分强调标志性建筑，占用过多的空间建造园林小品，使原本不多的绿化面积更加可怜。事实上，乔木下面有灌木、灌木下面有花草的复层种植结构，是强调以绿为主的具体体现，是增加绿量的基本保证。良好的植物景观往往作为园林小品，甚至铺装、坐凳的独特背景，通过色彩、质感等方面的对比突出园林小品以及铺装、坐凳所处的特定空间，起到点景的作用。以绿为主的另一层含义是住宅小区的园林绿化不仅要平面化，而且要提倡“林阴型”的立体化模式。利用墙壁种植攀缘植物，可以弱化建筑形体生硬的几何线条，使这部分空间增加美化、彩化效果，从而提高住宅小区的生态效益。

5. 强调创新

住宅小区园林绿化设计与其他设计一样，要不断创新，切忌在不同的环境中做出相同的设计来。住宅小区的园林绿化设计不同于公园的设计，它应以自然为主线，开拓人与自然充分亲近的生活领域，使身居闹市的人们能获得重返自然的美好享受。虽然创新是一项艰苦的创造性劳动，但是没有创新就没有进步，这就要求园林设计者不仅要有广博的知识，而且要头脑灵活，能够不断地将时代气息和作品巧妙地融为一体。

总之，住宅小区的园林绿化设计要特别注重利用城市大环境资源，使小区与城市空间有良好的过渡与协调，为人们创造一个自然亲切的居住空间。

8.4.2 居住区绿化的组成

居住区绿地是城市绿地的重要组成部分，因其与居民日常生活联系密切而越来越受到人们的关注。

居住区绿地包括公共绿地、宅旁绿地、配套公建所属绿地和道路绿地。其中公共绿地按级别不同又可划分为居住区公园、小游园、组团绿地及其他面积较小的带状、块状公共绿地和儿童游戏场等。

居住区绿地与居民日常生活十分贴近，人们出门进门都要穿过或路过绿地，绿地也为居民带来很多好处，一年四季都可以为人们送来新鲜的空气，吸收大量的灰尘与有害气体。绿地中的广场与园林设施，为人们提供了休闲、交往、健身的空间，居住区绿地更是孩子与老人的乐园。现代居住区建设中一般都配套建设了中小学及幼儿园，可以说中小学生及幼儿几乎整天都是在居住区中度过的，因而居住区中的绿地，必然会成为他们活动的乐园；而老人因行动较为不便，平时户外活动大多都在离家较近的居住区绿地之中。因此，在居住区的公共绿地中，必须配套建设老人和儿童的活动设施。

居住区绿地主要是为居民日常生活提供服务的。居住区绿地的植物配植首先要坚持“以人为本”的原则，这里的“人”即是居住区内的居民，植物的配植不能影响日常居家生活，不能影响住宅的通风采光，并要考虑与居住区的上下水、电力、道路等基础设施的建设相协调。居住区的绿地是开敞式的，人们可以自由出入，在管理上都较粗放。一般来说，乡土树种的生命力较强，且较为经济，所以在居住区绿地的植物配植上要坚持“以乡土树种为主，适当补充引进树种”的原则。又因为居住区绿地种类较多，各种绿地对植物的要求不同，在选择植物时要坚持适地适树的原则。居住区绿地尤其是公共绿地，需要营造一个清新宜人的园林环境，必须坚持乔、灌、藤、草相结合，落叶、常绿树种相结合，观花、观叶、观果树种相结合的原则。现简要介绍各类绿地的植物配植。

1. 道路绿地

居住区的道路一般较窄，道路绿化主要是行道树的建设。行道树可选择高大的乡土树种或引种成功的外来品种，如国槐、女贞、香樟、梧桐、广玉兰等。在不同等级的道路上，可选择列植的方式；在不同的组团或里弄之间，可以选用不同的树种，以增强住宅的可识别性与居民的归属感；在道路两侧，可种植修剪整齐的绿篱，以增强入户的导向性。在中心有绿化带的道路绿地中，一般以配植小灌木、草坪、四季草花为宜，且灌木必须耐修剪，以便控制其生长的高度和保持一定的图案效果。

2. 宅旁绿地

宅旁绿地在住宅楼前后，面积一般较小，绿化配植应体现一个“静”字。绿地以不让游人进入为原则，保证不影响居民在家中生活、休息，兼顾居民观赏。可以配植一些花灌木、常绿灌木，适量安排乔木，乔木的种植要与房屋留出一定距离。例如，可选用观花、观叶植物碧桃、紫叶李、海棠、石榴、紫荆、南天竹、凤尾兰等。

3. 组团绿地

组团绿地的服务半径一般不超过 150m，是居民就近户外活动最主要的活动场所之一。在组团绿地中，可采用乔、灌、藤、草立体绿化，考虑植物的彩色对比、季相变化、常绿与落叶植物的比重。一般因为组团绿地内居民活动频繁且面积较小，不宜密植色彩浓重的乔、灌木，以影响通透性，并与轻松的氛围不协调。

4. 小游园与居住区公园

小游园与居住区公园都是大型居住区公共绿地，小游园面积要求在 0.4 公顷以上，居住区公园面积则要求在1公顷以上。小游园及居住区公园都要求安排一定的活动设施，在用地的构成上也较为复杂，包括草地、疏林、丛林地、铺装地面、花廊、花架及小品、建筑用地等，且因地势不同规划设计灵活多样，植物配植也应灵活多样，需要根据具体的规划设计确定树种选择。

5. 垂直绿化

居住区内的垂直绿化有住宅山墙绿化，围墙绿化，花廊、花架绿化等。根据要求不同选择不同品种。地锦的攀附能力较强，可用于山墙的垂直绿化，也可用其他垂直绿化材料；而紫藤一般宜作为花廊、花架的垂直绿化材料；围墙的绿化材料可选用扶芳藤、常春藤、凌霄等；枯木、人工石柱的攀附材料可选择络石、金银花等。总之垂直绿化占地少，却可以明显增加绿量，遮掩许多建筑设施，且秋天很多品种叶色变黄、变红，色彩艳丽，在居住区绿化时，应尽量多考虑垂直绿化。

总之，居住区绿地形态各异，功能多样，一般规模较大的绿地都需要进行专项园林规划，以求达到最佳的环境效果。

8.4.3 居住区绿化的基本要求和原则

居住小区是人们日常生活的环境，随着物质生活水平的日益提高，人们对居住区绿化、美化的要求及欣赏水平也越来越高。如何使环境适应现代建筑、满足功能需求，是居住区绿化规划要解决的问题。

1. 因地制宜，巧于因借

居住区绿化是以满足居民生活、为生活在喧闹都市的人们营造接近自然、生态良好的温馨家园为宗旨，本着经济适用的原则，因地制宜，巧于因借，充分利用原有地形地貌，用最少的投入、最简单的维护，达到设计与当地风土人情及文化氛围相融合的境界。

2. 居住区绿地规划应以人为本

小区绿地最贴近居民生活，规划设计不仅要考虑植物配置与建筑构图的均衡，以及对建筑的遮挡与衬托，更要考虑居民生活对通风、光线、日照的要求，花木搭配应简洁明快，树种选择应按三季有花、四季常青来设计，并区分不同的地域，因地制宜。北方地区常绿树种应不少于 2/5，北方冬春风大，夏季烈日炎炎，绿化设计应以乔、灌、草复层混交为基本形式，不宜以开阔的草坪为主。另外，“以人为本”并非一味迎合目前人们的趣味，更重要的是通过环境影响人、造就人、提高人的层次和品味。

3. 居住区绿化要适地适树

居住区绿地应以现代园林自然式造园手法为主，充分发挥园林绿化植物的防尘、防风、隔音、降温、改善小气候的作用，利用植物材料改善环境的综合功能，力求通过植物的个性形体、色彩变换、季相转换来营造层次丰富、接近自然的植物景观。

8.4.4 居住区绿地设计的植物配置和树种选择

充分考虑居民享用绿地的需求，建设人工生态植物群落；有益身心健康的保健植物群落，如松柏林、银杏林、香樟林、枇杷林、柑橘林、榆树林；有益消除疲劳的香花植物群落，如栀子花丛、月季灌丛、丁香树丛、银杏-桂花丛林等，以及有益招引鸟类的植物群落，如海棠林、火棘林、松柏林等，可选择在小区边缘整块绿地上安排或与居住区中心绿地融合设计。利用植物群落生态系统的循环和再生功能，维护小区生态平衡（图 8.35）。

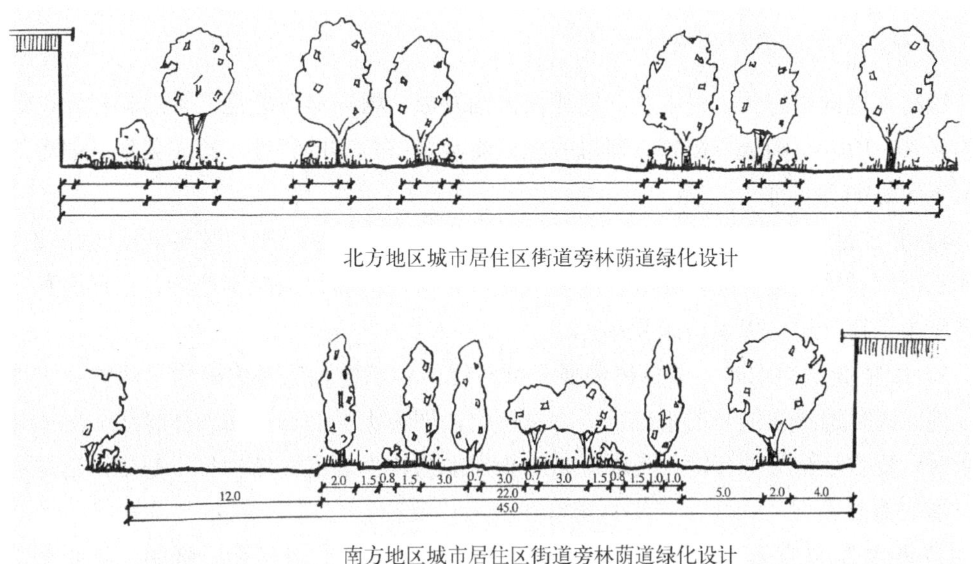

北方地区城市居住区街道旁林荫道绿化设计

南方地区城市居住区街道旁林荫道绿化设计

图 8.35　居住区街道绿化

乔木、灌木与藤蔓植物相结合，常绿植物和落叶植物，速生植物和慢生植物相结合，适当地配植和点缀时令开花花卉草坪。在树种的搭配上，既要满足生物学特性，又要考虑绿化景观效果，要绿化与美化相结合，树立植物造景的观念，创造出安静和优美的人居环境。

在统一基调的基础上，树种力求变化。创造出优美的林冠线，打破建筑群体的单调和呆板感。注重选用不同树形的植物如塔形、柱形、球形、垂枝形等，如雪松、水杉、龙柏、香樟、广玉兰、银杏、龙爪槐、垂枝碧桃等，构成变化强烈的林冠线；不同高度的植物，构成变化适中的林冠线；利用地形高差变化，布置不同的植物，获得相应的林冠线变化。通过花灌木近边缘栽植，把矮小、茂密的贴梗海棠、海桐、杜鹃、金丝桃等密植，使之形成自然变化的曲线。

在栽植上可采取规则式与自然式相结合的植物配置手法。一般区内道路两侧各植1～2行行道树，同时可规则式地配置一些耐阴花灌木，裸露地面用草坪或地被植物覆盖。其他绿地可采取自然式的植物配置手法，组合成错落有致，四季不同的植物景观。

在种植设计中，充分利用植物的观赏特性，进行色彩组合与协调，把植物叶、花、果实、枝条和干皮等显示的色彩，以及在一年四季中的变化作为依据来布置植物，创造季相景观。做到一条带一个季相，或一片一个季相，或一个组团一个季相。如由迎春花、桃花、丁香等组成的春季景观；由紫薇、合欢、花石榴等组成的夏季景观；由桂花、红枫、银杏等组成的秋季景观；由腊梅、忍冬、南天竹等组成的冬季景观。

1. 植物配置的多样性原则

植物配置向生态化、景观化、功能化方向发展。植物材料既是造景的素材，也是观赏的要素，所以正确选择树种、理想的配置将会发挥植物的特性，构成美景。理想的植物配置应是如下几种。

1）乔、灌、草合理结合，将植物配置成高、中、低各层次，既丰富植物品种，又能使三维绿量达到最大化，使放出的氧气更多；居住区绿化应减少草坪、花坛面积；常绿树应多于落叶树，以保持绿视率。

2）配植高大乔木时，选择树种要有针对性，种植树种应考虑植物景观的稳定性、长远性。树种选择在统一的基础上，力求变化，创造优美的林冠线和林缘线；配植高大乔木时，要有足够的株行距，为求得相对稳定的植物生态群落结构打下基础，也是可持续发展的需要。

3）植物配置应体现四季有景、三季有花。充分利用色叶植物，例如，红叶李、红枫、紫叶小檗等；充分利用管理粗放、观赏期长的花卉，例如，大花马齿苋、紫鸭跖草、美人蕉等。

如图8.36所示为一个居住区小区的绿化实例。

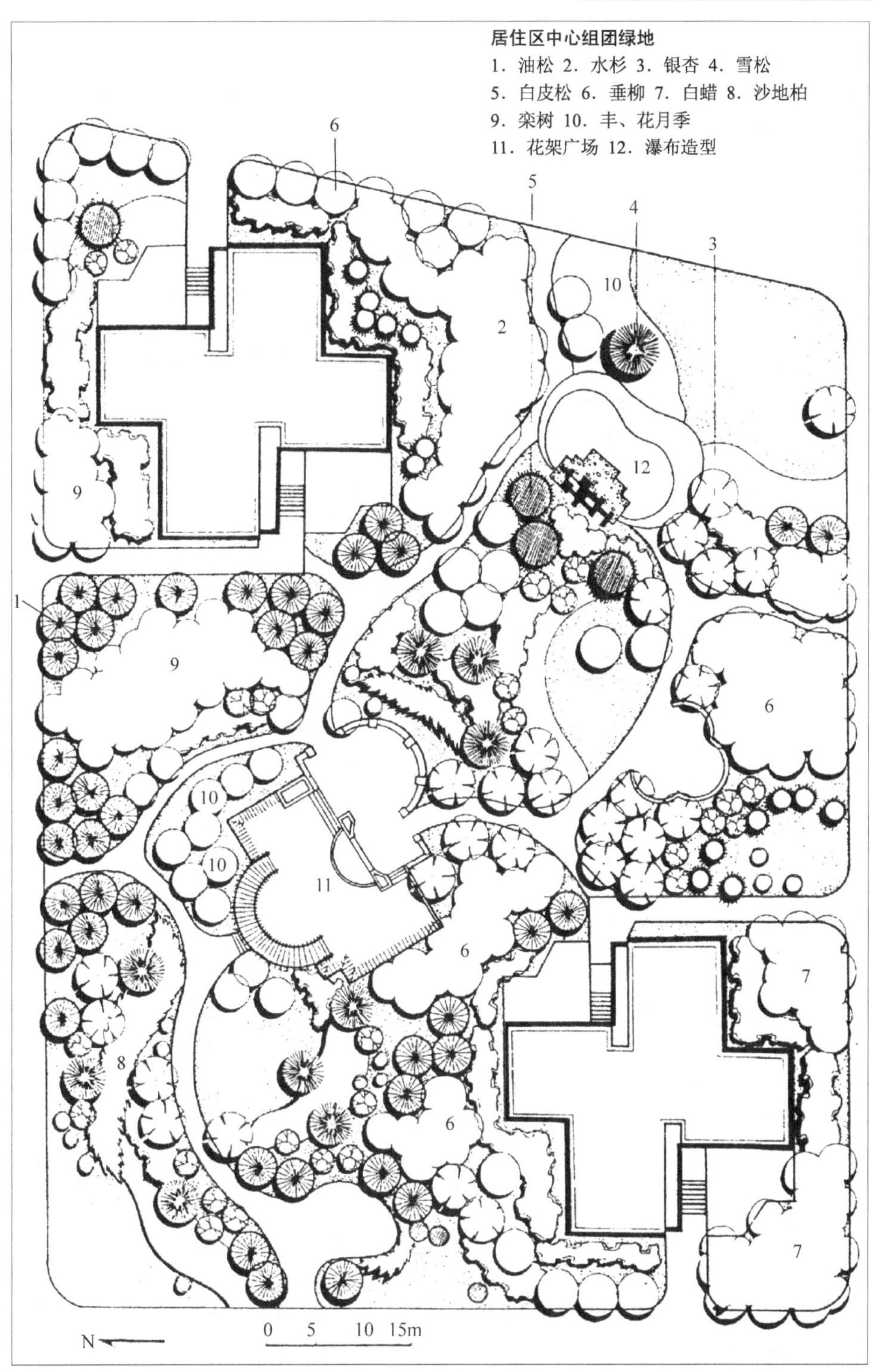

图 8.36 居住区小区绿化实例

2. 居住区绿地设计的树种选择

居住小区房屋建设时，对原有土壤破坏极大，建筑垃圾就地掩埋，土壤状况进一步恶化，因此应以选择耐贫瘠、抗性强、管理粗放的乡土树种为主，结合种植速生树种，保证种植成活率和环境及早成景。

根据住宅小区绿化部位及功能需要，选择合适的树种（表 8.4）。比如，居住区道路绿化树种应考虑以下要求：冠幅大、枝叶密、深根性、耐修剪，要有一定高度的分枝点，侧枝不影响过往车辆，并具有整齐美观的形象；落果要少，无飞毛、无毒、无刺、无味；发芽要早，落叶晚，并且落叶整齐，如银杏、槐树、合欢等；病虫害也要少。居住区组团级道路，一般以自行车和行人为主，绿化与建筑关系较为密切，绿化多采用开花灌木，如丁香、紫薇、木槿等。

表 8.4 各类植物列举

序号	分　类	植物列举
1	常绿针叶树	禾木类：雪松、黑松、龙柏、马尾松、桧柏 灌木类：（罗汉松）、千头柏、翠柏、匍地柏、日本柳杉、五针松
2	落叶针叶树（无灌木）	禾木类：水杉、金钱松
3	常绿阔叶树	禾木类：香樟、广玉兰、女贞、棕榈 灌木类：珊瑚树、大叶黄杨、瓜子黄杨、雀舌黄杨、枸骨、橘树、石楠、海洞、桂花、夹竹桃、黄馨、迎春、撒金珊瑚、南天竹、六月雪、小叶女贞、八角金盘、栀子、蚊母、山茶、金丝桃、杜鹃、丝兰（波罗花、剑麻）、苏铁（铁树）、十大功劳
4	落叶阔叶树	禾木类：垂柳、直柳、枫杨、龙爪柳、乌柏、槐树、青桐（中国梧桐）、悬铃木（法国梧桐）、槐树（国槐）、盘槐、合欢、银杏、楝树（苦楝）、梓树 灌木类：樱花、白玉兰、桃花、腊梅、紫薇、紫荆、戚树、青枫、红叶李、贴梗海棠、钟吊海赏、八仙花、麻叶绣球、金钟花（黄金条）、木芙蓉、木槿（槿树）、山麻杆（桂圆树、石榴）
5	竹类	慈孝竹、观音竹、佛肚竹、碧玉镶黄金、黄金镶碧玉
6	藤本	紫藤、络实、地锦（爬山虎、爬墙虎）、常春藤
7	花卉	太阳花、长生菊、一串红、美人蕉、五色苋、甘蓝（球菜花）、菊花、兰花
8	草坪	天鹅绒草、结缕草、麦冬草、四季青草、高羊茅、马尼拉草

因居住区内绿化空间有限，所以应采用疏林草地为主，乔、灌、花草相结合的形式，在有限的空间里建成比较开阔的绿地，形成遮阴、滞尘、防噪、景观丰富的绿化网络。

（1）草坪

草坪作为整个绿地的底色，是必不可少的，老百姓称之为“绿地毯”。近年来，草坪品种繁多，特性各异，根据不同的立地条件选择适宜的抗病品种是相当重要的。有些居住小区选择绿期长的冷季型草坪，可形成非常壮观的疏林草地景观。有些则选择一些抗旱、管理粗放的品种，如野牛草，同样可达到满意的绿化效果。

（2）乔木

常绿树与落叶树比例要适宜，一般掌握在 10%～20%之间。落叶乔木除选择抗病虫害品种外，还应考虑远期、近期效果。如果追求近期效果，可选择一些速生乔木，如栾树、法桐、泡桐等；追求远期效果，可选择生长缓慢的树种，如银杏、白玉兰等。常绿乔木多用雪松、白皮松等。

（3）灌木

在品种选择与配置上，做到三季有花、四季有景。春季开花的品种包括丁香、碧桃、迎春，夏季开花的有珍珠梅，秋季开花的有紫薇、木槿等。若能再配以色相变化的品种，如紫叶李、红瑞木、金叶女贞，可收到意想不到的美化效果。

（4）攀缘植物、应时花卉

居住小区内可适量发展立体绿化，如四周围墙、栏杆、自行车棚、业务办公室均可充分利用，既可增加叶面积，又可遮阳挡风。品种可选择地锦、金银花、紫藤等。有条件的小区，门前窗后可栽种藤本月季、一串红、万寿菊等花卉，为小区增添更多色彩。

3. 养护管理

（1）施肥

绿地养护，浇水、施肥是关键。尤其在少雨季节，草坪干旱，生长缓慢，影响观赏效果；而高温高湿，易感染病虫害，造成大片死亡。正常管理是间干间湿，看干湿程度决定是否浇水。草坪每月施肥一次，苗木每年春秋各施肥一次，基本能满足植物生长需要。

（2）修剪

草坪应因土壤、长势、品种不同进行及时修剪，造型植物也要勤修剪，保持造型，如大叶黄杨球、桧柏柱等。

（3）补换苗木

对缺苗、有病虫害的绿地，应随见随补，不断完善，使之更具观赏性。

8.4.5 室内绿化的养护管理

栽培室内植物时，往往会发生枯黄、落叶等现象，其原因多数是水分过多引起的。正常情况下浇水量的多少需根据植物类型、房间的温湿度和季节来确定。对于大多数植物来说，在生长和开花季节，即春末和夏季，浇水量要适当多些，而在其他季节，许多植物多处于休眠或半休眠状态，则不能使盆土过湿，否则容易引起烂根。

由于水源一般都有保证，因此只要精心管理通常不会存在植物缺水的情况。但另一个影响植物的水分因素——空气湿度则往往被人所忽视。实际上，空气中的湿度对室内植物的影响并不亚于土壤湿度。由于人需要的最适湿度不是很高，结果在许多时候室内干燥得如同沙漠一样，使植物长势不良，难以展示其潜在的美丽，必须采取一定的措施来增加湿度。可把盆口放在含水的植床上，或成丛种植，立体化配置植物，使之形成一个相互依赖的群落，相互受益。

室内植物对肥的要求也较高，为适合室内环境的需要，一般以使用无机复合肥为主。在孕蕾开花前应多施磷、钾肥，而少施氮肥。对生长旺盛者和观叶类植物可适当多施点氮肥。对草本盆花和开花多、花期长的植物，更要注意多施肥，施淡肥，即要薄肥勤施（图 8.37）。

图 8.37 室内植物

8.5 庭园的植物景观设计

世界上的私家庭园艺术源远流长，从风格上大体可分 4 大流派：亚洲的中国式、日本式，欧洲的法国式、英国式。中国的叠山造水显示出的是东方的华丽；日本的原色古朴和幽深宁静显示出的是佛禅意境的清雅；法国精致典雅的植物造型和极尽雕饰的喷泉置景显示出的是欧洲贵族的豪门气度；英国的山亭野舍般的无修饰植物群、起伏的草地和多彩的花丛显示出的是对融入自然的追求。

现代私家庭园艺术已渐渐模糊了流派的界限，将功能化内容与个人的情趣艺术感尽量融为一体，在风格上又显现出华丽和简约、古典和前卫的区别（图 8.38）。

图 8.38 庭园艺术

8.5.1　庭园风格的分类和特征

风格是庭园设计中需要优先确立的内容，下面主要介绍各种风格的特点和如何选择适用的风格。

1. 按布局划分

从布局上可分为三大类：规则式、自然式、混合式（图 8.39）。

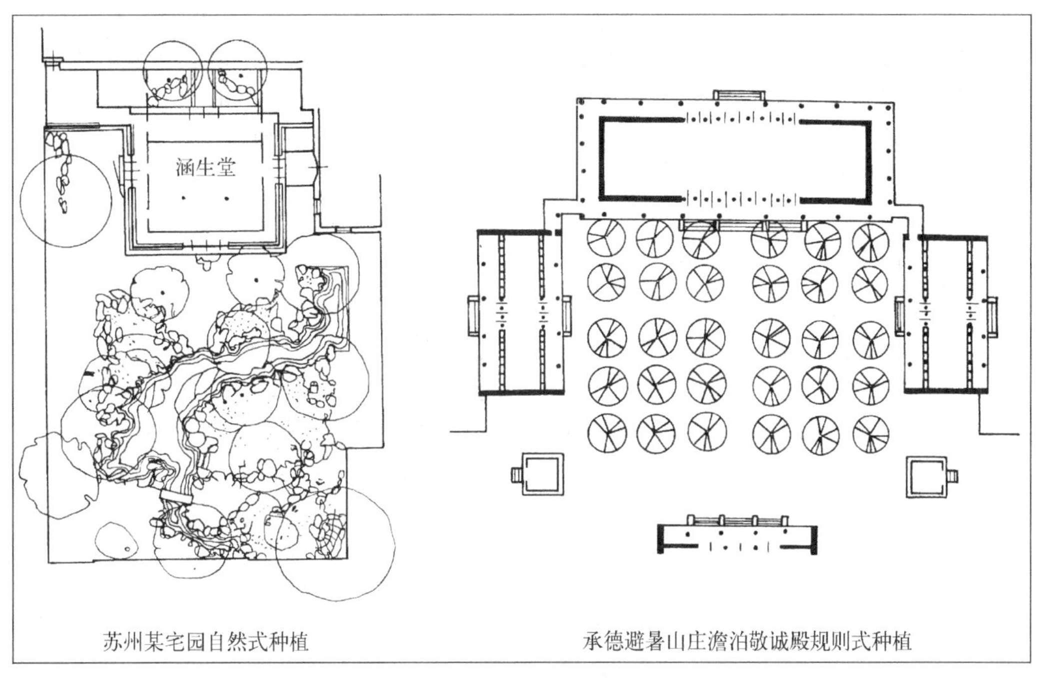

图 8.39　庭园布局形态

1）规则式风格的构图多为几何图形，垂直要素也常为规则的球体、圆柱体、圆锥体等。规则式庭园又分为对称式和不对称式，对称式有两条中轴线，在庭园中心点相交，将庭园分成完全对称的四个部分，规则对称式庭园庄重大气，给人以宁静、稳定、秩序井然的感觉；不对称式庭园的两条轴线不在庭园的中心点相交，不同几何形状的构成要素布局只注重调整庭园视觉重心而不强调重复。相对于前者，后者较有动感且显活泼。

2）自然式庭园是完全模仿纯天然景观的野趣美，不采用有明显人工痕迹的结构和材料。设计上追求虽由人做，宛如天成的美学境界。即使一定要建的硬质构造物，也采用天然木材或当地的石料，以使之融入周围环境。

3）大部分庭园兼有规则式和自然式的特点，这就是混合式庭园。这有三类表现形式。一类是规则的构成元素呈自然式布局，欧洲古典贵族庭园多有此类特点；第二类是自然式构成元素呈规则式布局，如北方的四合院庭园；第三类是规则的硬质构造物与自然的软质元素自然连接，新建的上海别墅庭院大部分场地尽管不对称，但靠近住宅的部分还是规则的，可以将方形或圆形的硬质铺地与天然的植物景观和外缘不规则的草坪结合在一起。如果一块地既不是严格的几何形状又不是奇形怪状的天然状态，此法可在其中找到平衡。

2. 按文化特征上划分

从文化特征上分为三大类：中式、日式和欧式。

1）中式庭园有三个支流：北方的四合院庭园、江南的写意山水、岭南园林；其中江南园林成就最高，数量也最多。中式庭园有着浓郁的古典水墨山水画意境。构图上以曲线为主，讲究曲径通幽，忌讳一览无余，讲究风水的“聚气”，庭园是由建筑、山水、花木共同组成的艺术品，建筑以木质的亭台、廊、榭为主，月洞门、花格窗式的黛瓦粉墙起到或阻隔或引导或分割视线和游径的作用。庭园植物有着明确的寓意和严格的位置。如屋后栽竹，厅前植桂，花坛种牡丹、芍药，阶前梧桐，转角芭蕉，坡地白皮松，水池栽荷花，点景用竹子、石笋，小品用石桌椅、孤赏石等。

2）日本庭园源自中国秦汉文化，至今中国古典园林的痕迹仍依稀可辨。中国园林从模仿自然山水向文人山水变化的过程中，日本园林逐渐摆脱开诗情画意和浪漫情趣，走向了枯、寂、佗的境界，日本庭园用质朴的素材、抽象的手法表达玄妙深邃的儒、释、道法理，用园林语言来解释“长者诸子，出三界之火宅，坐清凉之露地”的境界（图 8.40）。

① 筑山庭和平庭。池泉式指园林构架以池塘和流泉组合为主景观，筑山庭则是偏重于地形上筑土为山。平庭对应于筑山庭，指在平坦的基地上进行园林规划，在平地上追求深山幽谷之玲珑、海岸岛屿之渺漫的效果。筑山庭和平庭都有真、行、草三种形式，真庭是对真山真水的全方位模仿；而行庭是局部的模拟和少量的省略；草庭是大量的省略。

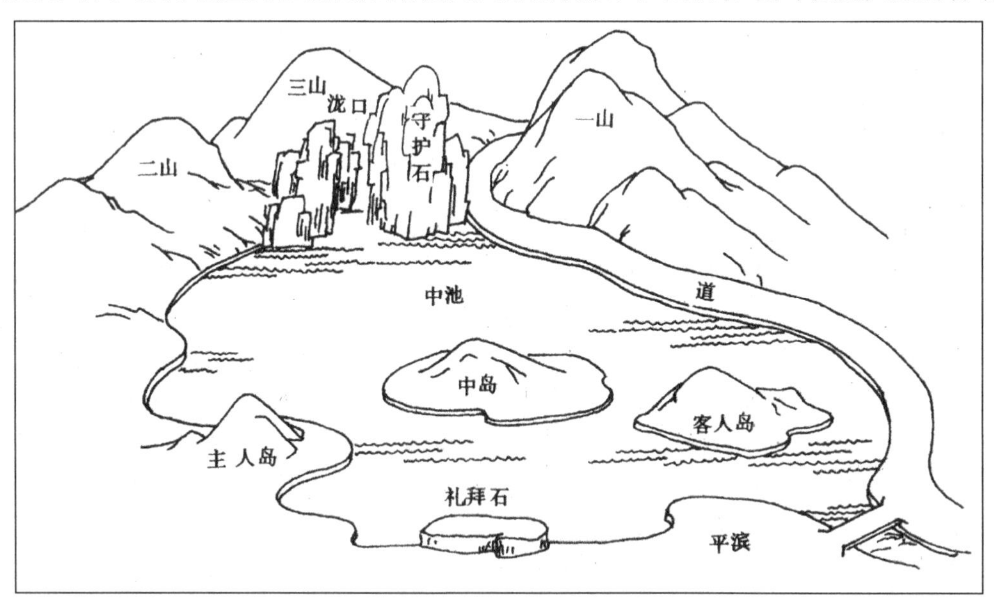

图 8.40　一池三山

② 枯山水和池泉。枯山水（图 8.41）是日本庭园的精华，实质是以砂代水、以石代岛的做法。用极少的构成要素达到极大的意蕴效果，追求禅意的枯寂美。枯山水有两

种寓意对象，一是山涧的激流或瀑布，日本称之为枯泷；另一种是海岸和岛屿。池泉是微缩的真山水，池泉一般是园景的中心，枯山水与池泉都是在自然布局的水池中设溪坑石代表岛屿，与岸相连的驳岸称中岛，按不同位置分别称为龟岛、鹤岛、蓬莱等名，立在水中或砂中的岩石有更多名称，此处不再赘述。

图 8.41　日本枯山水

③ 茶庭。茶庭也叫露地，是源自茶道文化的一种园林形式，至今茶庭的景观作用已大于实用功能。茶庭式园林一般是在进入茶室的一段空间里，按一定路线布置景观，以拙朴的步石象征崎岖的山间石径，以地上的矮松寓指茂盛的森林，以蹲踞式的洗手钵联想到清冽的山泉，以沧桑厚重的石灯笼来营造和、寂、清、幽的茶道氛围，有很强的禅宗意境。

④ 坐观式、舟游式、回游式。日本园林多以静观为主，特别是小园林，其观赏角度只有一个，虽有园路，也只是看而不是让人走进去赏玩，故称为坐观式园林。回游式与此相对应，是可以供人走进去赏玩的，其观赏角度有多个，可以做到移步换景。舟游式是以游船为交通工具的回游式园林。在大园林中一般是三种方式结合在一起，大一些的庭园也可用回游式。

3）欧洲庭园的风格有五个分支：意大利式台地园、法式水景园、荷式规则园、英式自然园、英式主题园。各国庭园的发展一脉相承。

意大利半岛多山地，建筑多依势而建，庭园前面开辟出“梯田”式的台地，中间引出中轴线，中轴线的两边种植高耸的杉、松类大树，平台、花坛、雕塑等小品对称布置。意式庭园主景多是在中轴线的宽路上设置雕塑或花坛，少有水景，即使有也是盆式的小喷泉。意式台地园传入法国后，法国以平原为主且多河流湖泊，故庭园设计成平地上中轴线对称均匀的规则式布局。不同的是，法式庭园常将圆形或长方形的大型池塘设计在中轴线上，沿池塘两边设平直的窄路。后来荷兰人将树木修剪成几何形状和各种动物的形状。与此相反，英国人则更喜欢自然的树丛和草地，尤其讲究借景与园外的自然环境相融合，注重花卉的形、色、味、花期和丛植方式，出现了以花卉配置为主要内容的“花园”，乃至以一种花卉为主题的专类园，如“玫瑰园”、“百合园”、“鸢尾园”等，以致一提起欧陆式庭园，就会联想到大片的草坪、孤植的大树、成片的花径美景。

8.5.2 庭园造景

私家庭园的造园方法灵活多样，所有的园林素材在高手的眼里就像画家手中的各种颜料，可以自由地创作出充满艺术想像力的图画。因此，园林设计也和其他实用设计门类的实质一样，艺术感觉是占首位的。以下介绍一些常用的造园手法。

1. 布局的艺术

这是造园中最重要的，整体布局是一种提纲挈领式的艺术创意。布局有很多规律可循，如我国文学艺术作品中常用的起、承、转、合，活用到园林的布局上便体现为疏、密、曲、直。日本传统庭园中的真、行、草布局手法，则表示了由繁到简、由仿真到拟意的不同风格样式。很多素材在布局上运用得好，可以产生各种不同的视觉效果。如高矮大小不同植物的排列组合可显出单纯感、韵律感、滚动感、厚重感、色彩感等。再如浓密的植物配以曲径，便易生出幽深与静谧感，很适合东方情调的高品位住宅。而精修细剪的矮丛植物配以大气而典雅的几何造型则更适合欧陆风情。

2. 各类素材的活用

素材的运用是没有规定的，但精美的庭园是由植物、石材、雕塑、水景等各种不同的素材经过艺术组合而成的，因此素材运用得好，可以非常出彩。比如，在日式庭园中，树木、草皮与各类大小野山石、土坡、沙砾的组合是非常讲究的。各种手法都是对自然意境和情趣的模拟，都可以使人得到精神上的陶冶与愉悦。像枯山水这种日本独有的造园手法，可以使人领略到佛禅的意境。而我国闻名四海的太湖石、灵璧石等观赏石的拟山造景则更令人惊叹大自然鬼斧神工的造化之美与中式庭园艺术中深厚的文化底蕴之素雅的完美组合。

3. 各部位的功能与艺术造景的结合

1）大门内与正门前：两门之间有一条小道是必需的，因此，路的形状和路面的艺术感便是中心，关键是要看住宅建筑主体的风格和院落的大小。比如，欧式豪宅宜配色调相应的拼花路面，有的还可以在屋前设置水景。如果是中式或日式院落则两门之间的路以曲折式为多，配以影壁回廊，以免两门相对。路面可做成小鹅卵石虎皮花纹，或是草坪汀步等。如果是比较前卫的现代风格宅院，就要在点和线、色调和造型上做文章，在所有的方面都要与整体风格相吻合。总之，围绕着两门之间有很多文章可做。

2）窗前檐下：住宅主体的窗前檐下是私家庭园中植物造景的主要场所之一，在这里选用适当的植物可以使窗外景色充满画意。当然这要看窗户的大小和形状。如大落地窗且庭园有纵深感，窗前植物宜矮些，使园中的中心景物和稍远些的植物错落有致地展现出来。中式、日式庭园的窗前檐下多用细竹藤萝类，以掩映居室，并可在栽种的布局上形成立体感（图 8.42）。

图 8.42 庭园窗景

3）庭内主景：是庭园造景的中心。中式的叠山小池也好，日式的枯山水也好，或是英式的自然草坪，法式的精剪细造的植物图形和大理石水景，直至比较前卫的各种简洁线条色块和形状的运用，其实都没有什么绝对的界限。风格可以统一，也可混合，一切取决于怎样更好地和住宅主体建筑相谐调。同时可以将自己的喜好融入进去。

4）内天井与内大堂：这是私家庭园中的两个相对独立的小主题。几平方米见方的露天内天井，即使空间狭小，也可以种植较高的树，如大型盆景般的造型。在这里充分利用空间是最重要的。内大堂却有些不同，因在室内无直射阳光，便可以用鱼池、室内阴生观叶植物和一些仿真山石、花木为主要素材，创造出一些充满情趣的小品来。

5）围墙与围栏：是非常出风格、出效果的部分，关键是如何搭配。如竹篱柴扉、花窗、曲窗等具有东方乡土特色的素材，与中式、日式庭园是很相配的，但与欧式风格就不协调。相反，花式铁栅与厚重的岩石柱组合，则适应面要广一些。而没有东西方传统特征的前卫式或现代矮墙，就可以在更为广泛的场合灵活使用。在庭园内，矮型的竹篱柴扉可以隔出不同的空间，造出几个情趣小版块。

6）亭、棚、廊：这些素材的使用可以在较大庭园中造出几个活动中心点，增添家居的休闲特色，同时也可形成立体的绿色空间。在这里亭、棚、廊的艺术造型很关键。中国的飞檐雕梁小亭、日本的原色山屋式草棚、欧式的雕花铁线凉笼式亭廊，只要搭配得好，都很出彩（图 8.43）。

图 8.43 亭

7）屋顶花园：现在有很多新开发的多层或高层花园住宅都有屋顶阳台，有的面积还很大。因此，屋顶花园的建造就成了家居美化的重要部分。在国外，屋顶花园是非常讲究的。一般说来，屋顶花园多用轻质材料。设置草坪花坛也尽量土层薄一些，树木以可移动的盆栽为宜。利用竹木矮栅、几块野山石造个缓坡草坪，再点缀些可移动的花草，将山野自然的情趣浓缩进这钢筋水泥的世界之中，效果绝佳（图 8.44）。

图 8.44　屋顶花园

4. 重视不同季节的视觉效果

我国北方的大部分地区，因干旱和寒冷，冬季往往色彩单调，所有的植物都基本上失去了鲜活的绿色。因此在北方营造庭园时，不同季节的视觉效果一定要考虑周全。比如冬季的色彩虽然单调，但石材与其他非植物素材的造型却不会变化。因此，这些地区的庭园设计在总体构思上宜根据当地的气候条件来考虑适当减少利用植物造景的比例，代之以四季不变的山石类造型、枯山水、金属石材、雕塑置景，使之在没有自然色彩的冬季也保持着另一番美感。

在植物选用上首先要想到各类植物在当地冬季是什么外观，一年四季各类植物不同的观赏效果如何衔接等。有些观赏树种冬天虽然落了叶，但树枝的形状也很美，也能构成整体庭园美感元素的一部分。

8.5.3　庭园绿化的植物配置

1. 庭园绿化植物树种的选择

庭园绿化植物树种的选择（图 8.45），按其目的分为三个类型。

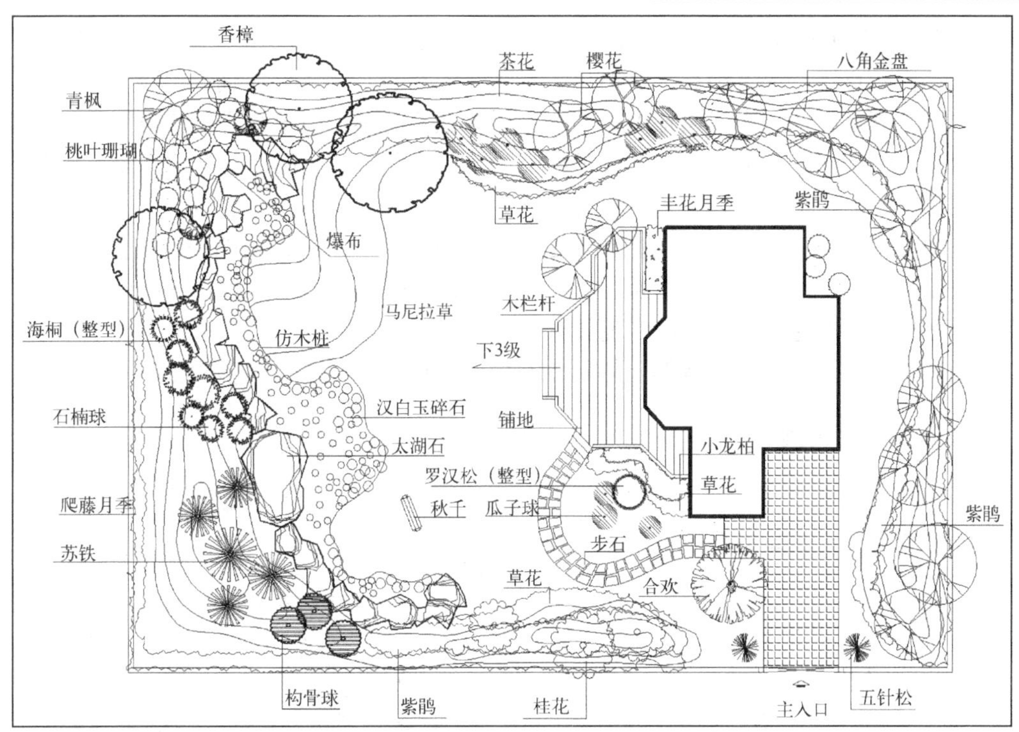

图 8.45 庭园绿化栽植

（1）经济实用型（可供食用或药用）

乔木、花灌木有杏、梨、枣树、苹果、石榴、山楂等，藤蔓类有葡萄、金银花、枸杞、猕猴桃等。

（2）观赏型（以观花或观果为主）

乔木、花灌木有海棠、玉兰、木槿、丁香等。

（3）绿化型（以绿化为目的）

乔木、花灌木有梧桐、泡桐、雪松、五角枫等，藤蔓类有爬山虎、常春藤、络石、扶芳藤、薜荔等。

草花地被：春季有雏菊、金盏菊、石竹、旱金莲等，夏季有凤仙花、黑心菊、百日草、万寿菊、金鱼草、大丽菊等，秋季有雁来红、地肤、大花牵牛、一串红、五色草等，冬季有羽衣甘蓝、红叶甜菜。

2. 庭园绿化植物的配置

庭园美化选用的树木花草的品种，因地区而异，宜求精而忌繁杂。在树种的配植上，应根据栽培的目的和生长习性，尽量做到乔、灌、地被相结合，要突出“草铺底、乔遮阴、花藤灌木巧点缀”的公园式绿化特点。如需夏日遮阴的，宜选择树干高大、树冠扩展、叶形美丽、花艳清香的树种，如梧桐、泡桐、国槐、栾树、楸树，并配植花灌木紫荆、丁香、紫薇、木槿，使高低层次分明，形成绿阴花香的屏障。迎大门影壁前植常绿的大叶黄杨，并配植草花万寿菊、金盏菊等，金黄色的小花一片，大门启开，满眼绿影花明；步入小院更是花艳果丰，信步前庭顿觉景新气爽。或在白色影壁前种一株白皮松、黑松或赤松，点缀一块太湖石，会产生国画效果，富有“迎宾”之情。

选用花灌木应注意自然树形及开花季节，如西府海棠，茎干直立，树形细瘦，早春满树粉花，如少女亭亭玉立；垂丝海棠树形如伞，春花时，一簇红花花丝下垂，脉脉含情。夏花树种如紫薇、木槿、珍珠梅等，花期较长，尤其是紫薇，花期可长达 100 天。锦带花的花期正值春花凋零、夏花不多之际，可以适当点缀，使庭园中繁花似锦。

美化庭园还应注意选用攀援植物，如爬山虎、凌霄、常春藤、野蔷薇等可附墙而上；紫藤、葡萄、金银花、猕猴桃可作观赏棚架，架下可休息乘凉。许多草本爬蔓植物如茑萝、牵牛、香豌豆、小葫芦等攀上竹篱或花墙，为庭园美化增添几多自然情趣。

8.5.4 庭园绿化实例

图 8.46～图 8.52 为国外一住宅小庭园绿化设计的过程，共分为概念设计、功能分区、平面绿化布置图、实景照片。

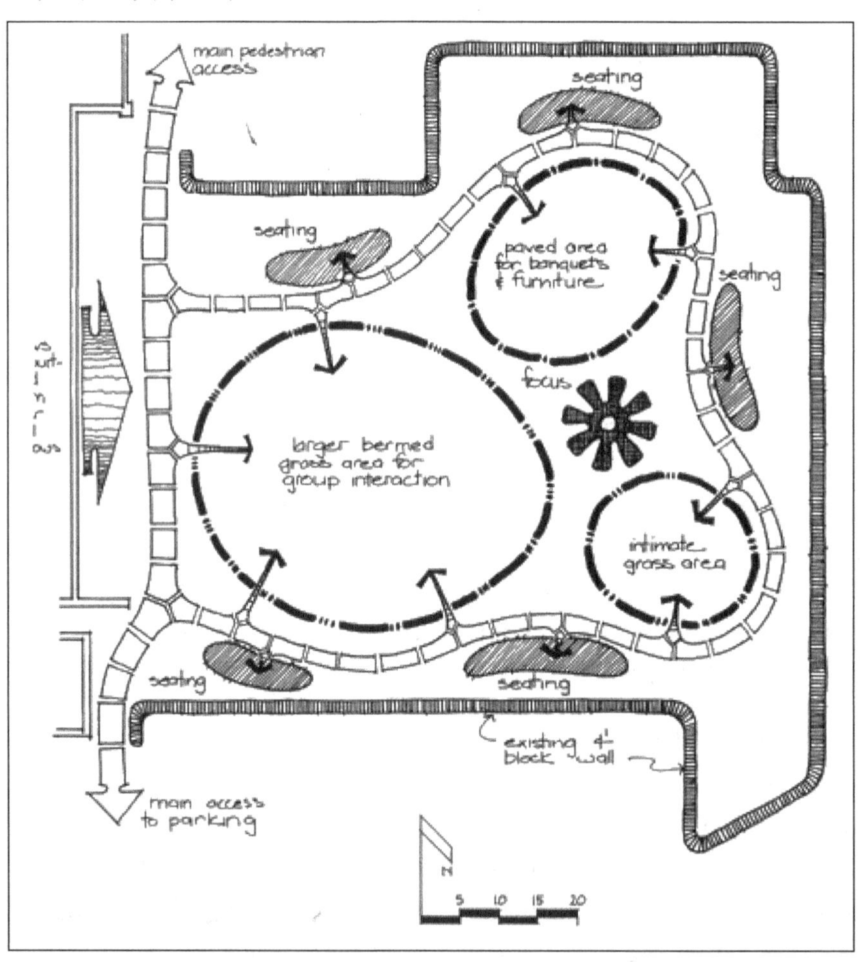

图 8.46 概念设计

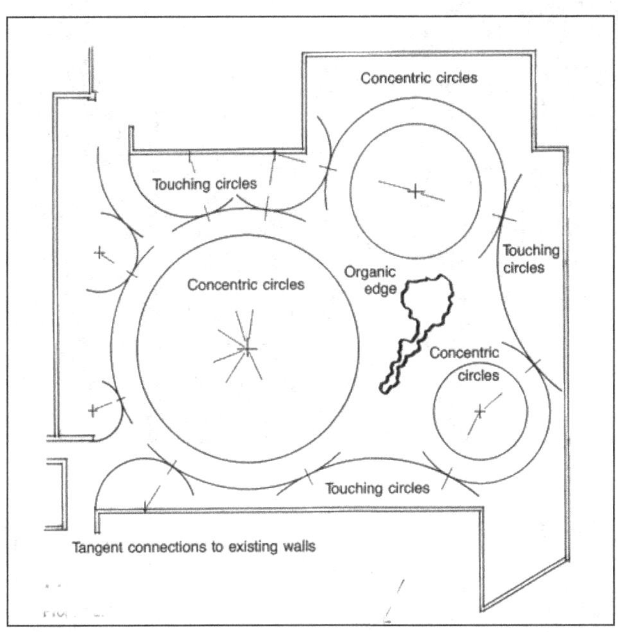

图 8.47 功能分区

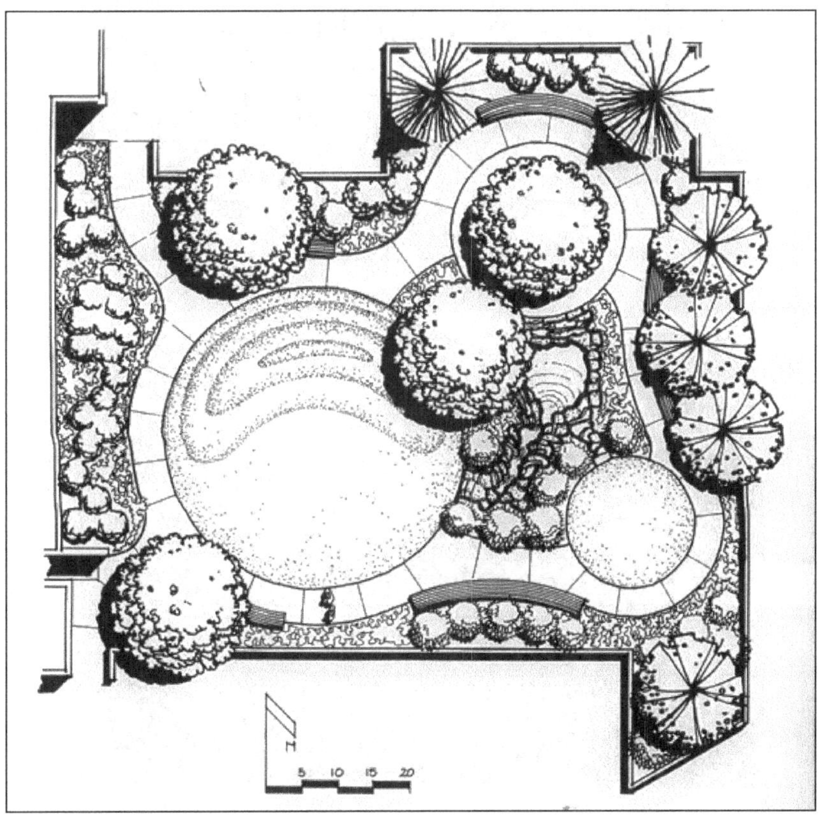

图 8.48 平面绿化布置图

图 8.49　建成后图片一

图 8.50　建成后图片二

图 8.51　建成后图片三

图 8.52 建成后图片四

思考与练习

1. 小庭园设计与城市大环境设计有区别吗？
2. 建造怎样的小庭园才是我们的目标？
3. 庭园设计应遵循哪些指导思想？
4. 庭园设计中怎样寻求人与自然的和谐？
5. 街道行道树的选择有哪些具体要求？
6. 小环境植物景观配置原则有哪些？

附 录

课堂练习及学生作业

一、园林植物平面符号绘制练习

根据教材的植物平面绘制图例进行临摹练习。

要求：

（1）统一使用 A4 复印纸。

（2）先用铅笔进行临摹，后上墨线。

（3）注意线条的流畅和植物的生长状态。

二、配景人物和车辆画法练习

根据示范画稿学习人、车配景的画法。

要求：

（1）统一使用 A4 复印纸。

（2）先用铅笔进行临摹，后上墨线。

（3）抽象与具象各一张。

三、创作景观配置图

根据前两个练习中的植物、人和车创作一张综合景观配置图。

要求：

（1）统一使用八开卡纸。

（2）自由组合，必须包括几种配景元素。

（3）注意画面构图与整洁。

四、园林平面图描绘

根据所给四张园林平面图任选两张进行彩平练习。

要求：

（1）统一使用八开卡纸。

（2）注意画面构图与整洁。

（3）彩平表现注意色彩搭配。

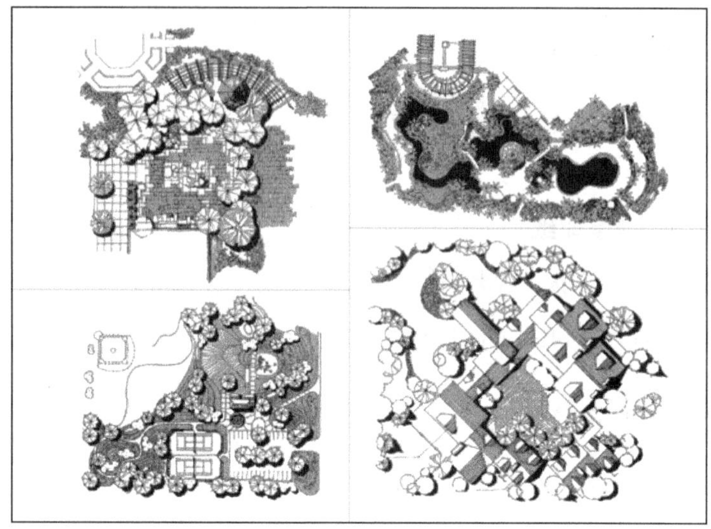

五、景观快题设计

在规定平面内，充分考虑周围的功能与交通需要。作一片中心区域景观设计。利用必要的绿化和水景及小品的装饰。

要求：

（1）统一使用八开卡纸。

（2）左图为环境概念图，椭圆形为商业购物区。中心区域可利用面积为 20m×20m（约 400m^2）。

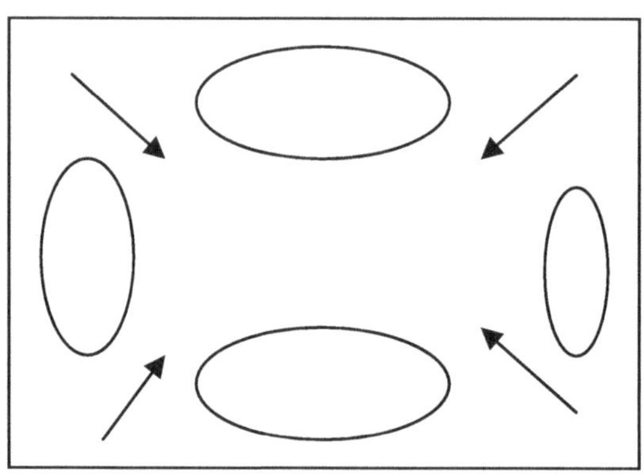

六、环境设施设计

用线、面形态设计一个公共休闲亭。

要求：

（1）统一使用八开卡纸。

（2）注意传统与现代的结合（主题设计）。

七、景观计算机辅助设计

根据课堂所学的内容制作一张景观平面的计算机彩色平面图。

要求：

（1）文字标注。

（2）打印出图。

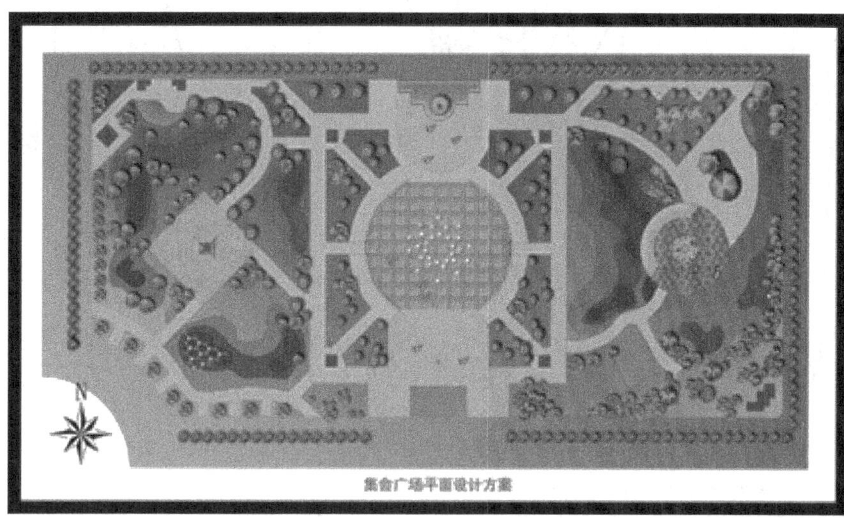

集合广场平面设计方案

八、居住区中心景观规划设计

方案要求：

（1）地点：城市的一个环境区域，拟建设一个开放，休闲的居住环境。

（2）用地面积：3.72 万公顷。

（3）居住人数：2480 人。

（4）市政工程及法规不在要求的范围内。

（5）根据所给平面布局，分析研究现有状况。

（6）重点设计中心景观区域，营造出合理宜人的休闲环境。

（7）必须掌握外部空间环境设计构成要素及形态。

（8）运用设计语言，点、线、面的构成关系及设计上的注意事项，强调分析过程。

九、图纸要求及规格

（1）规划总平面图：1/300。

（2）重点区域环境平面图：1/100。

（3）重点视点透视图（色彩表现方法不限）。

（4）设计说明及分析。

（5）要求排版。

十、学生作品：

创作景观配置图（一）

创作景观配置图（二）

创作景观配置图（三）

创作景观配置图（四）

电话亭设计

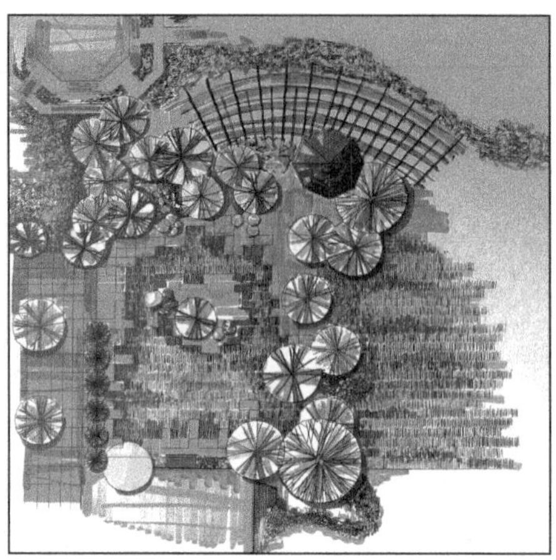

园林平面图描绘

效果图表现

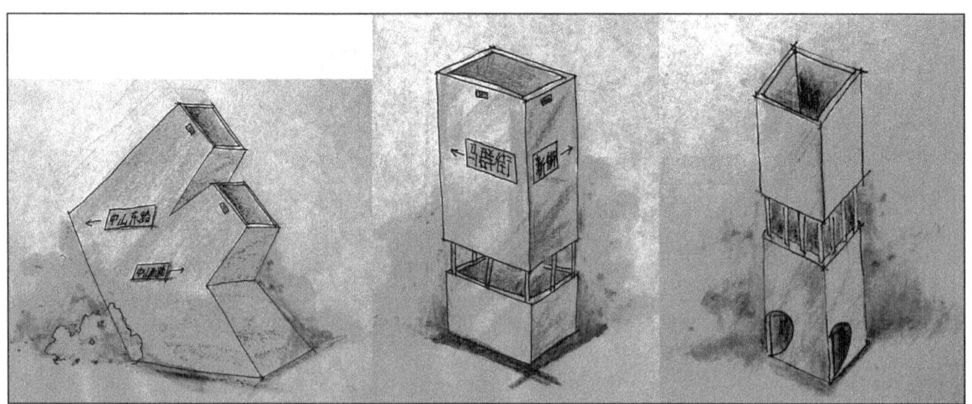

环境设施设计

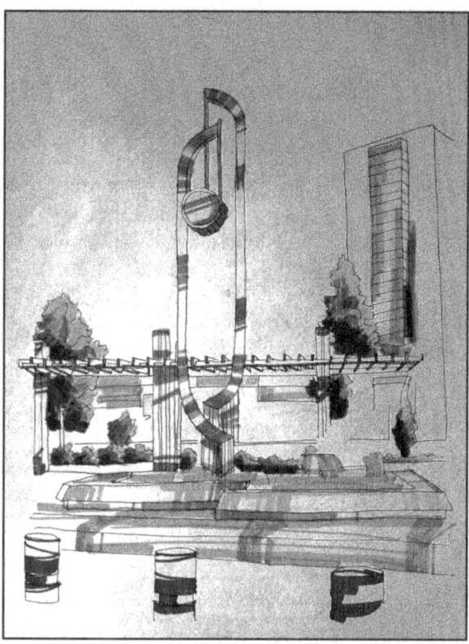

居住小区规划设计

居住小区规划设计

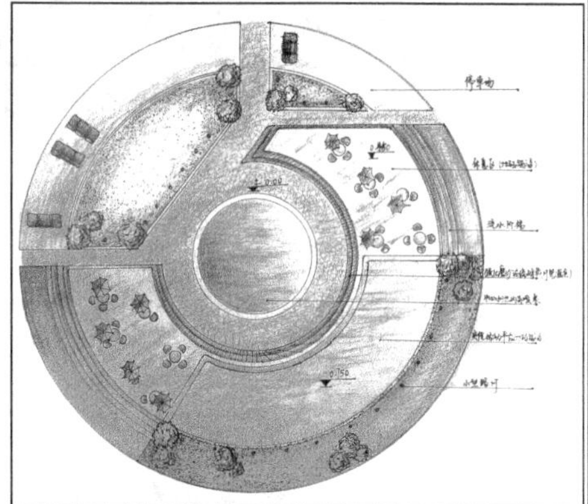

广场设计

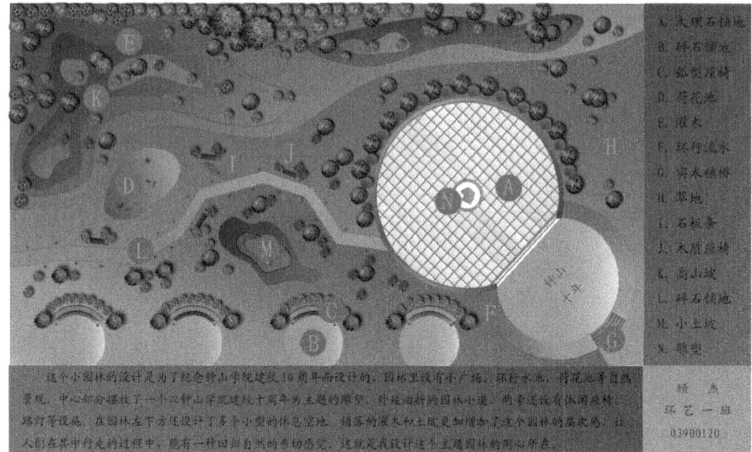
A. 大理石铺地
B. 碎石铺地
C. 弧型座椅
D. 荷花池
E. 灌木
F. 环行流水
G. 实木栈桥
H. 草地
I. 石板条
J. 木质座椅
K. 高山坡
L. 碎石铺地
M. 小土坡
N. 雕塑
这个小园林的设计是为了纪念钟山学院建校10周年而设计的，园林里设有小广场，环行水池，荷花池等自然景观，中心部分摆放了一个以钟山学院建校十周年为主题的雕塑，外延曲折的园林小道，两旁还设有休闲座椅，路灯等设施，在园林左下方还设计了多个小型的休息空地，错落的灌木和土坡更加增加了这个园林的层次感，让人们在其中行走的过程中，能有一种回归自然的亲切感觉，这就是我设计这个主题园林的用心所在。
环艺一班
03900120

小游园设计

主要参考文献

蔡如，韦松林. 2005. 植物景观设计. 昆明：云南科技出版社

陈英瑾，赵仲贵. 2006. 西方现代景观植栽设计. 北京：中国建筑工业出版社

丰田幸夫（日）. 1999. 风景建筑小品设计图集. 北京：中国建筑工业出版社

格兰.W.雷德. 1998. 景观设计绘图技巧. 合肥：安徽科学技术出版社

何平，彭重华. 2001. 城市绿地植物配置及其造景. 北京：中国林业出版社

胡长龙. 2003. 城市园林绿化设计. 上海：上海科技出版社

黄文宪. 2003. 景观设计. 南宁：广西美术出版社

李梦玲，贾银镯. 2005. 景观艺术设计. 武汉：华中科技大学出版社

理查德.L.奥斯汀. 2005. 植物景观设计元素. 罗爱军译. 北京：中国建筑工业出版社

刘茂林，张明娟. 2004. 景观生态学——原理与方法. 北京：化学工业出版社

鲁敏，李英杰. 2005. 园林景观设计. 北京：科学出版社

罗宾，威廉姆斯. 2001. 庭园设计与建造. 贵阳：贵州科技出版社

约翰.O.西蒙兹. 2000. 景观设计学——场地规划与设计手册. 俞孔坚等译. 北京：中国建筑工业出版社

诺曼.K.布思. 2003. 独立式住宅环境景观设计. 沈阳：辽宁科学技术出版社

王其全. 2002. 景观人文概论. 北京：中国建筑工业出版社

王晓俊. 2000. 西方现代园林设计. 南京：东南大学出版社

王志伟. 1991. 园林环境艺术与小品表现图. 天津：天津大学出版社

温扬真. 2000. 园林景物布置. 南宁：广西科学技术出版社

夏南凯，金云峰. 2003. 园林设计方案. 合肥：安徽美术出版社

严健. 2003. 手绘景园. 乌鲁木齐：新疆科技卫生出版社

杨松龄. 2002. 居住区园林绿地设计. 北京：中国林业出版社

张吉祥. 2001. 园林植物种植设计. 北京：中国建筑工业出版社

张纵，王丽莉. 2005. 园林与庭院设计. 北京：机械工业出版社

郑宏. 2000. 广场设计. 北京：中国林业出版社

中国建筑装饰协会. 2006. 景观设计师培训考试教材. 北京：中国建筑工业出版社

周苏宁. 2005. 园趣. 上海：学林出版社